"创新设计思维"
数字媒体与艺术设计类新形态丛书

李燕敏 汪惟宝◎主编
袁慧 王东明◎副主编

短视频

拍摄、剪辑、调色与特效制作

剪映专业版＋Premiere Pro 2024

◆ 全彩微课版 ◆

人民邮电出版社
北京

图书在版编目（CIP）数据

短视频拍摄、剪辑、调色与特效制作：剪映专业版+Premiere Pro 2024：全彩微课版 / 李燕敏, 汪惟宝主编. -- 北京 : 人民邮电出版社, 2025. -- ("创新设计思维"数字媒体与艺术设计类新形态丛书). -- ISBN 978-7-115-64918-8

I. TP317.53

中国国家版本馆 CIP 数据核字第 2024UZ6688 号

内 容 提 要

本书从短视频创作出发，从基本应用讲起，采用理论讲解+案例实操的形式，对短视频的策划、剪辑、字幕、音效、抠像、调色、特效、转场等进行全面、细致的介绍。

本书共 12 章，内容包括短视频入门必知、剪映的基本操作、短视频剪辑基本功、短视频剪辑技能进阶、短视频的后期优化、Premiere Pro 2024 剪辑轻松上手、蒙版和抠像、短视频调色、音频的处理、视频特效应用及视频过渡效果应用，最后通过综合性案例对相关知识进行巩固。通过对本书的学习，读者可以制作出精彩的短视频，具备一定后期剪辑基础的读者可以掌握更多创意效果的制作方法。

本书内容全面、条理清晰，讲解通俗易懂，可作为高等院校及高职院校短视频制作相关专业课程的教材，也可作为短视频创作者、摄影爱好者、自媒体工作者的参考书。

◆ 主　　编　李燕敏　汪惟宝
　　副 主 编　袁　慧　王东明
　　责任编辑　许金霞
　　责任印制　陈　犇

◆ 人民邮电出版社出版发行　　北京市丰台区成寿寺路 11 号
　　邮编　100164　电子邮件　315@ptpress.com.cn
　　网址　https://www.ptpress.com.cn
　　北京博海升彩色印刷有限公司印刷

◆ 开本：787×1092　1/16
　　印张：14　　　　　　　　　　2025 年 1 月第 1 版
　　字数：443 千字　　　　　　　2025 年 1 月北京第 1 次印刷

定价：79.80 元

读者服务热线：(010)81055256　印装质量热线：(010)81055316
反盗版热线：(010)81055315
广告经营许可证：京东市监广登字 20170147 号

PREFACE
前言

当今十分流行的短视频具有年轻化、去中心化的特点，且能使每个人都成为主角，符合年轻人彰显自我和追求个性化的需求。短视频行业的蓬勃发展也使得短视频拍摄、剪辑等人才的需求加大。基于此，我们编写了本书。

本书结合剪映和Premiere Pro 2024的应用功能及操作技巧进行讲解，精选内容创作平台中的热门案例，帮助读者在轻松、愉悦的氛围中掌握短视频的制作方法。本书系统性的知识结构，使读者不仅可以了解软件的各项功能，还能培养创新思维和审美意识，完成短视频从项目策划到后期制作的一系列工作。

本书特色

本书采用理论讲解+案例实操的形式，对策划、剪辑、字幕、音效、抠像、调色、特效、转场等各类短视频创作技巧进行全面、细致的介绍。第2~11章结尾处安排"案例实战"及"知识拓展"模块，"案例实战"旨在培养读者自主学习和实践能力，"知识拓展"对短视频制作过程中的疑难点进行分析，帮助读者掌握专业的视频编辑技巧。

理论讲解+案例实操，边学边练。本书为软件中的重难点知识配备相关的实操案例，可操作性强，使读者能够学以致用。

全程图解，更易阅读。本书采用全程图解的方式，让读者能够了解每一步的具体操作。

知识拓展，重在启发。本书第2~11章结尾处安排"案例实战"模块，总结目前较为流行的短视频类型、主要特点及制作思路等，以启发读者的创作灵感。

视频讲解，学习无忧。书中实操案例配有同步学习视频，读者可在学习时扫码观看，很好地保证了学习效率。

内容概述

本书共12章，各章内容安排如下。

章	内容导读	难点指数
第1章	主要介绍短视频的特点、类型、构成要素、传播平台，短视频的制作流程，短视频的剪辑术语，视频剪辑常用工具，以及AIGC技术的应用和短视频制作前景等	★☆☆
第2章	主要介绍剪映的基本操作，包括剪映手机版和专业版的区别、初学者快速成片的方法、使用剪映专业版创作短视频、素材的基础编辑、应用AI素材、保存和导出设置等	★★☆
第3章	主要介绍短视频剪辑的基本功，包括音频编辑基本技能、音频素材进阶操作、字幕的添加与设计及字幕的智能应用等	★★☆
第4章	主要介绍短视频剪辑的进阶技能，包括画面色彩调节、图层和混合叠加画面效果、智能工具的应用、蒙版及关键帧的应用等	★★★
第5章	主要介绍短视频的后期优化，包括贴纸、特效、滤镜等功能的应用及添加视频转场效果等	★★★
第6章	主要介绍Premiere Pro 2024的基本操作，包括Premiere Pro 2024软件入门、文档基本操作、素材剪辑操作及短视频字幕设计等	★★☆
第7章	主要介绍蒙版与抠像技术的应用，包括蒙版和跟踪效果的应用、抠像技术的作用、常用的抠像效果等	★★★
第8章	主要介绍短视频的调色操作，包括图像控制类视频调色效果、过时类调色效果、通道类调色效果、颜色校正类调色效果等	★★☆
第9章	主要介绍短视频音频处理的操作，包括软件预设的音频效果、音频关键帧、音频过渡效果等	★★★
第10章	主要介绍短视频特效的应用，包括视频效果的添加与编辑、视频效果的应用等	★★★
第11章	主要介绍短视频过渡效果的添加、编辑与应用，包括视频过渡效果的添加与编辑、视频过渡效果的应用等	★★☆
第12章	主要介绍短视频特效案例，包括文字穿越、文字擦除、动感分屏、门外的风景、故障分离转场及进度条动画等	★★★

编者在编写本书的过程中力求严谨、细致，但限于水平，疏漏在所难免，望广大读者批评指正。

编者

2024年11月

CONTENTS
目 录

第1章
短视频入门必知

第2章
剪映的基本操作

第3章
短视频剪辑基本功

第4章
短视频剪辑技能进阶

第5章
短视频的后期优化

第6章

Premiere Pro 2024 剪辑轻松上手

第7章

蒙版和抠像

第8章

短视频调色

U0191419

第　一　章

短视频入门必知

　　对于初学者来说，要想快速掌握短视频制作方法，就需要先了解短视频制作的基础技能。例如，了解短视频的特点、类型、构成要素、制作流程等，掌握必要的剪辑方法等。本章将从短视频的概念、短视频的制作流程、短视频的基本剪辑技能等方面进行介绍。

1.1 全面认识短视频

短视频的兴起对社会和文化产生了广泛的影响。短视频为人们提供了一种新的娱乐方式，也为创作者提供了一个展示才华和实现价值的媒介。下面将带领读者走进短视频的奇妙世界。

1.1.1 短视频的特点

短视频具有时长短、内容多样、视觉感强、互动性强、创作简单等特点，使得观看短视频迅速成为人们喜爱的娱乐消遣方式，成了人们日常生活中不可或缺的一部分。

1. 时长短

时长短是短视频十分显著的特点。短视频的时长通常控制在1~5分钟，视频内容完整，信息密度大。在当下快节奏的时代，这种时长较短的视频更容易为人们接受。人们可以利用碎片化的时间来浏览感兴趣的内容，从而快速获取到有用的信息。

此外，短视频的内容非常精练。由于视频时长的限制，想要在几分钟内将内容完整地表达出来，就需要不断地对内容进行优化提炼，用简洁的方式进行叙述，以确保观众能够在短时间内理解和接受。

2. 内容多样

短视频涵盖各个领域的内容，如日常记录、美食推荐、旅游打卡、搞笑片段等。用户可以根据兴趣和需求，选择观看感兴趣的短视频内容。短视频的内容多样性使得短视频能够满足不同用户的需求，也扩大了短视频在社交媒体平台上的受众范围。

3. 视觉感强

短视频有着很强的视觉冲击力。因为时长短，短视频需要通过色彩、动画效果、音乐等来吸引人们的注意力。视觉上的冲击能够在短时间内使人们产生强烈的印象，并让人们乐于接受和分享。这也是很多短视频瞬间"爆红"的原因之一。

4. 互动性强

很多短视频平台提供创作者上传和分享的功能，这使得创作者可以随时随地分享自己创作的短视频。同时，通过点赞、评论等方式用户可与创作者或其他用户进行交流互动。用户的评论和点赞行为为视频创作者提供反馈和支持，增强了创作者的积极性和动力，视频分享行为也有助于扩大视频的传播范围，提高创作者的影响力。

5. 创作简单

相比传统的视频创作过程，短视频的制作较为简单。用户可以通过手机上的应用程序，拍摄、编辑和分享短视频。这种简易的创作方式，降低了制作门槛，使更多的用户能够参与短视频的创作。同时，短视频应用程序通常提供了一些拍摄和编辑工具，使用户能够快速创作出高质量的短视频。

1.1.2 短视频的类型

短视频有很多种类型，不同类型的短视频有着不同的特点和受众。按照视频内容来分，短视频可分为以下几种。

1. 娱乐休闲类

娱乐休闲类短视频常以幽默话题、模仿秀、萌宠趣事、情景微剧为创作主题，以幽默、诙谐的表演和剪辑手法来制造笑点，迅速吸引观众的注意力，让观众闲暇之余能够放松心情，缓解压力。图1-1所示为网友们制作的猫咪搞笑视频画面。

2. 技能分享类

技能分享类短视频通常以简明扼要的方式向观众传授知识和技能。例如职场技能的提升、医疗健康知识的科普、日常生活技能的分享、烹饪技能的传授、时尚美妆的建议等。这类短视频很受观众喜爱，因为它能提供很多实用的信息和技巧。图1-2所示为一系列办公技能学习视频画面。

图1-1

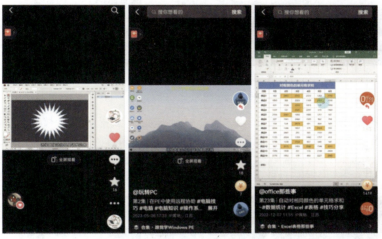

图1-2

3. 生活记录类

生活记录类短视频通常以生活中的点滴为主题，记录人们的日常生活、旅行经历、美食探索等。这类短视频给人真实、亲近的感受，能够快速建立起观众与创作者之间的情感共鸣。图1-3所示为文旅徐州发布的旅游类短视频画面。

图1-3

4. 新闻播报类

新闻播报类短视频通常以简短、准确、客观的方式呈现新闻事件、时事热点和重要资讯等信息，以满足观众对信息和新闻的需求。该类短视频比较注重一些细节方面的处理，例如主播的形象和语言风格、新闻报道的准确性和客观性、画面剪辑的流畅性和逻辑性等，以提高观众的观看体验和对新闻的接受程度。图1-4所示为人民日报发布的一则民生新闻的画面。

图1-4

5. 剧情解说类

剧情解说类短视频主要对高质量电影、电视剧、动画等长视频进行精简、概括和解读，其内容包括对剧情的梳理、人物关系的解析、关键情节的点评，以及对故事背后的深层含义的探讨。它以简洁明了的方式，让观众在短时间内了解影片的大致内容和精髓。这类短视频在社交媒体平台上非常受欢迎，因为它可以满足观众在短时间内获取信息和娱乐的需求。图1-5所示为某影评博主解说的电影画面。

图1-5

6. 商业营销类

商业营销类短视频主要是利用短视频平台进行商业推广活动，旨在通过对观众视觉和听觉的吸引，快速传递产品或服务的信息，激发观众的购买欲望。它具有明确的营销目的，强调产品特点、优势或使用场景。这类短视频常采用故事化、情感化或实用化的手法，让观众产生共鸣或认同感，从而增强观众的购买意愿。图1-6所示为某企业制作的宣传短片画面。

图1-6

1.1.3　短视频的构成要素

俗语说，麻雀虽小，五脏俱全。再短的视频，也是由视频内容、封面标题、视频配乐、视觉效果、标签和简介等5个基本要素构成的。

1．视频内容

视频内容是短视频的核心要素。短视频的内容多种多样，从日常生活琐事到专业知识，再到娱乐搞笑片段，甚至是艺术创作展示。丰富多彩的视频内容是吸引观众的关键，也是视频能否受欢迎的决定性因素。创作者需要精心挑选主题，确保内容新颖、有趣或者具有意义。

2．封面标题

封面标题对短视频来说非常重要，封面标题是视频内容最直接的呈现形式之一，是吸引观众关注并观看的"敲门砖"。一个好的封面标题可以吸引观众的注意力，增加视频点击率和观看率，也能传达视频的主题思想。

3．视频配乐

视频配乐是短视频不可或缺的部分。如果说封面标题决定了短视频的点击率，那么视频配乐就决定了短视频的基调。合适的配乐和音效能够增强视频的情感表达，使内容更加引人入胜。此外，清晰的语音解说或对话也很重要，尤其是在传递具体信息或知识时。

4．视觉效果

短视频的视觉效果也不容忽视，它包括画面质量、颜色搭配、特效应用等视觉元素，这些元素会影响观众的心理感受。高清晰度的视频更容易获得观众的青睐。此外，适当的特效和创意编辑能够让视频更加生动、有趣。

5．标签和简介

精准的标签和吸引人的内容简介，可增加短视频在平台上的曝光度，使其更容易被目标观众所发现。标签应与视频内容相关联，能够概括视频的主题和特点。而简介应该简短明了，吸引观众的注意力，同时也能够概括视频的主要内容和亮点。

1.1.4　短视频的传播平台

随着智能手机的普及和移动互联网的发展，短视频传播平台也越来越多。比较主流的短视频传播平台有以下几种。

1. 抖音

抖音是一款极受欢迎的短视频分享应用平台。用户可以拍摄、编辑并上传15秒到3分钟的视频至平台上与他人一起分享。同时，该平台用创新的算法精准地推荐用户感兴趣的内容，让用户"很上头"。图1-7所示为抖音网页版界面。

图1-7

2. 小红书

小红书作为一种新兴的社交媒体平台，近年来在我国乃至全球范围内迅速崛起，成为极受年轻人尤其是年轻女性欢迎的平台。该平台上的用户（被称为"笔记作者"）会分享各种内容，包括但不限于彩妆、旅行、美食、健身等。这些内容通常以图文并茂或视频的形式展现，不仅提供实用信息，还兼具娱乐性和视觉美感，极大地吸引了用户的注意力，如图1-8所示。

图1-8

此外，小红书也是一个电商平台，用户可以直接在该平台上购买创作者推荐的商品，无须离开应用程序就能完成购物流程。这种直接的购物体验极大地方便了用户，同时也为品牌方提供了一个直接接触用户的途径。

3. 哔哩哔哩

哔哩哔哩（以下简称B站）是国内最大的弹幕视频分享平台，深受年轻网友的喜爱。该平台以其弹幕评论系统而闻名。观众可以同时观看视频和弹幕，实时互动。这种互动式的评论方式使得用户既可以通过弹幕表达自己的观点，又可以看到其他人的反馈，大大提高了用户参与感和互动性。图1-9所示为B站首页界面。

此外，B站还致力于打造一个充满活力和创造力的社区。用户不仅可以观看视频，还可以参与到视频的创作中。该平台不仅提供了丰富的创作工具，用户可以上传自己的原创视频、发布弹幕评论、参与讨论和互动等，还鼓励用户之间的交流和合作，举办各种活动和比赛，为优秀的创作者提供了更多的展示和发展机会。B站的社区氛围和内容质量一直都备受好评，这也是其吸引了众多用户的重要原因之一。

知识延伸

　　除了以上3种传播平台，微视、秒拍、西瓜视频、好看视频等平台也很受欢迎。这些平台同样提供了丰富的内容和创作工具，吸引了众多用户。无论是观众还是创作者，都能在这些平台中找到属于自己的乐趣和价值。

图1-9

1.2 短视频的制作流程

　　短视频的制作流程是通过主题定位、剧本编写、视频拍摄、后期剪辑以及视频发布这五大步骤进行的，如图1-10所示。

图1-10

1.2.1 主题定位

　　主题定位是短视频创作的第一步，也是非常重要的一步。它决定了视频的目标受众、内容信息。创作者可通过以下几个方面来考虑主题的定位。

1. 了解和分析目标观众

　　创作者需要考虑观众是谁，观众的兴趣、偏好以及观看短视频的习惯。这有助于创作者制作出更符合观众品位的内容。例如，年轻观众可能更喜欢时尚和娱乐相关的内容，而年长观众可能更偏爱教育或健康相关的内容。

2. 内容的可持续性和一致性

　　成功的短视频创作者通常会围绕特定的主题创建一系列视频，以此来建立品牌认同和观众忠诚度。例如，一个专注于户外探险的短视频博主可能会发布一系列关于不同旅行地的短视频，从而吸引对户外探险感兴趣的观众。

3. 内容的创新和独特性

　　在短视频内容泛滥的时代，创作者需要找到独特的角度或方法来呈现主题，以便在众多内容中脱颖而出。这可能包括使用创新的拍摄技巧、独特的叙事方式或新颖的视觉效果等。

1.2.2 剧本编写

剧本编写是一个复杂的过程，它需要创作者用文字精确地描绘出故事场景、故事氛围、情节线索、人物动作和对话，为演员和导演提供清晰的指导。短视频的剧本与传统剧本有所区别，它需在有限的时间内，通过紧凑的叙事，创造出引人入胜的故事情节。相比传统剧本，短视频剧本的创意性和技术性更强一些。

当然，对于非编剧专业的人来说，要想写出好的短视频剧本确实有些难度。但可以先准备好故事的大致框架，例如故事主题、拍摄场地、角色和对话内容的大纲等，然后根据故事框架，琢磨剧情发展。当然，创作者还可通过后期手段来弥补剧情的不足，使故事结构更完整、更紧密。

1.2.3 视频拍摄

确定了主题，有了完整的剧本，接下来就要进入视频拍摄阶段了。要想拍摄出理想的画面效果，创作者可通过以下几点来操作。

1. 选择合适的拍摄环境

拍摄环境一定要与拍摄主题相适应。无论是户外还是室内，要确保背景干净、整洁。此外，创作者也要注意光的使用，尽量选择自然光，避免过暗或过亮的环境，影响画面质量。

2. 调整合适的拍摄角度

尝试不同的拍摄角度可以增强视觉吸引力和独特性。较低的拍摄角度可以增强画面的真实感；较高的拍摄角度可以展示画面的宽广与辽阔。不断尝试不同的拍摄角度和图像组合，可营造出不同的场景氛围和画面效果。

3. 保持稳定的拍摄画面

对于利用手机拍摄视频的人来说，应尽量借助防抖器材，例如三脚架、手机支架、防抖稳定器等。这些防抖器材可很好地避免创作者在拍摄过程中出现画面晃动的现象。

4. 丰富多样的镜头画面

镜头画面一定要有变化，不要以一种焦距、一个姿势拍到底。创作者要灵活地运用镜头（推镜、拉镜、跟镜、摇镜等）切换、镜头景别（远景、近景、中景、特写等）切换来丰富视频画面。

1.2.4 后期剪辑

后期剪辑阶段决定了短视频的质量和观众的观感。它不仅有对画面和声音的简单拼接，还有对整个视频内容、风格和信息的精心雕琢。创作者需具备专业的剪辑技能、审美和水平，还需要有足够的耐心来处理视频的每一处细节。常见的后期剪辑流程如图1-11所示。

图1-11

1. 粗剪

创作者要将所有选定的素材导入剪辑软件中，按照剧本的框架和情节顺序，将每个场景的镜头拼接在一起。这个阶段主要关注的是故事的流畅性和完整性，以及镜头的切换和过渡是否自然。

2. 精剪

对视频的节奏、画面、音效等方面进行精细调整。该阶段需要关注的是视频的整体氛围、视觉效果和观众的观感。创作者要通过剪辑、缩放、变速、调色等方式对画面进行优化，同时也要对音效进行处理，以达到最佳的视听效果。

3. 特殊处理

创作者需根据画面需要，对视频进行一些特殊处理，如添加转场效果、滤镜、音效等。这些特效可以增强视频的视觉冲击力和艺术感。但注意不要过度使用，以免影响观众的观感。

4. 调色和音频处理

创作者需对视频进行调色处理，以使视频画面更具美感。同时还要对音频进行处理，如调整音量、加入背景音乐等，以增强视频的听觉效果。

5. 输出和审核

该阶段需要关注视频的质量是否达到预期效果、是否符合主题和目标受众的需求，以及是否有任何技术问题或错误。

1.2.5 视频发布

在短视频发布阶段，选择发布时机比较关键。不同的平台和观众，在每天的不同时间段都有热度高峰。例如，对于年轻人而言，晚上和周末是观看短视频的主要时间段。因此，选择在这些时间段发布短视频，能够获得更多的曝光和关注度。另外，要时刻关注热点事件和话题，抓住机会发布相关的短视频，可以提高传播效果。

此外，互动可以增加观众的黏性和忠诚度，提高传播效果。创作者可在视频中提问，引导观众评论和互动；也可利用弹幕的形式与观众进行实时互动；还可通过发布有趣的挑战或互动活动，吸引观众参与并将短视频分享给更多的人。

1.3 短视频剪辑基础

剪辑是制作短视频的重要手段。它是对视频片段或音频素材进行重新组合的过程。它可将原本散乱的片段打造成一个有条理、有故事、有情感的作品。通过剪辑，可以更好地传达内容信息、更好地表述创作者的思想和情绪。

1.3.1 视频剪辑常见术语

了解一些常见的剪辑术语，可以帮助创作者深入地理解剪辑这项技术，以便在进行作品剪辑时更加得心应手。

时长：视频的时间长度，基本单位是秒。常见的时长单位有时、分、秒、帧。其中帧是视频的基础单位，是指把1秒视频分成若干等份，一份为一帧。

关键帧：素材中的特定帧，通常标记为进行特殊的编辑或其他操作，以便控制视频的播放、回放及其他特性。例如创建视频时，为数据传输要求较高的部分指定关键帧有助于控制视频回放的平滑程度。

转场：不同内容的两个镜头之间的衔接，一般分为无技巧转场与技巧转场。其中无技巧转场是指两个画面之间自然过渡；技巧转场是指用后期制作，实现画面之间的淡入、淡出、翻页、叠化等。

定格：将电影胶片的某一格、电视画面的某一帧，通过技术手段，增加若干格、若干帧胶片或画面，以达到使影像处于静止状态的目的。

闪回：在剪辑视频时，突然以很短暂的画面插入某一场景，用以表现人物此时此刻的心理活动以及感情起伏，手法简洁明快。闪回的内容一般为过去出现的场景或已经发生的事情。

景别：根据景距的不同，景别主要分为远景、全景、中景、近景、特写。

蒙太奇：通过将多个短片组合在一起，以展示时间的流逝或讲述复杂的故事。蒙太奇常用于展现过程或发展，如角色的成长或长途旅行。

画面比例：视频画面实际显示宽和高的比值，例如通常所说的16：9、4：3、2.35：1等。

音轨：一段视频中包含多个不同的独立的声音轨道。可以将其理解为DVD里的中文轨道、英文轨道等，可以在播放器里进行切换。

渲染：将项目中的源文件生成最终影片的过程。

编码解码器：用于压缩和解压缩。在计算机中，所有视频都使用专门的算法或程序来处理，此程序称为编码解码器。

1.3.2　视频剪辑的常规思路

对于视频剪辑人员来讲，不仅要掌握工具的应用方法，还要熟悉剪辑视频的思路，以提升视频的品质。

1. 提升视频输出的信息量

对于短视频来说，要在几十秒内讲清楚一件事，视频输出的信息量就很大。视频信息量越大，留给观众的思考空间就越小，这有利于保持观众对视频的兴趣，有助于提高视频的完播率。

要在短时间内讲完某件事，就势必要学会使用变速。变速是指让视频画面变快或变慢。一般来说，视频关键信息可以用正常速度，甚至用慢速度播放，其他辅助信息可以加速播放。视频画面快慢结合，能够很好地突出关键内容，从而吸引观众的注意力。

2. 凸显视频片段间的区别

在视频片段的前后顺序不重要的情况下，尽量将画面风格、界别、色彩等区别较大的两个片段衔接在一起。因为区别较大的画面会让观众无法预判下一个场景是什么，从而激发其好奇心。另外，区别较大的与相似的两个片段从视觉效果上来说，前者会更有优势。

3. 用文字强调视频的重点信息

剪辑时可以适当利用文字来强调视频内容的重点信息，以便观众能够更快地理解并消化视频内容。这种效果常用于娱乐综艺、人物访谈、纪录片、新闻资讯等类型的视频中。

4. 用背景音乐烘托内容

音乐是听觉意象，也是最能即时打动人的艺术形式之一。音乐在短视频中发挥着重要的作用，它既可以推进故事情节、烘托气氛，又能带动观众的情绪、引起共鸣、带来愉悦感。当感觉视频内容单调时，可以尝试选择一首合适的背景音乐，也许会有意想不到的效果。

需注意的是，背景音乐只是陪衬，视频内容才是主体，如果因为背景音乐音量太大而影响画面的表现就本末倒置了。尤其是用来营造氛围的背景音乐，其音量适中即可。

1.3.3　视频剪辑常用方式

剪辑的方式有很多，其中静接静、动接动、动静结合、分屏等方式较为常用。每种方式都有其独特的表达效果和适用场景。

1. 静接静

静接静是一种相对简单但效果显著的剪辑方式。它指的是将两个静态画面连接起来，通常用于展示静态环境或者人物的情绪变化。例如，从一个人物凝视窗外的静态镜头切换到另一个静态的风景画面，可以营造一种宁静、深沉的氛围，让观众沉浸在角色的情感世界里。这种剪辑方式不强调视频画面的连续性，更加注重镜头的连贯性，如图1-12所示。

图1-12

2. 动接动

动接动常用于运动或快节奏场景中，通过将两个动态画面连接起来，可以增强视觉上的冲击力和连贯性。比如，在人物追逐场景中，快速切换不同角度的动态镜头，不仅能展现场景的紧张感，还能让观众感受到速度和力量。这样既可以让拍摄的镜头富有张力，又可以展现出更多的场景元素。图1-13所示为主角一直在奔跑的场景。

图1-13

3. 动静结合

动静结合就是将动态和静态画面混合使用，用于平衡场景节奏，创造出既有动感又有连贯性的观看体验。例如，从一个激烈战斗的场景切换到主角平静的脸部特写，既能突出战斗的激烈，又能展示主角内心的平静或其他复杂的情绪。图1-14所示为奔跑和停止奔跑的两个场景切换画面，表现出主角理解了母亲临终前的话而终于释怀的内心感受。

图1-14

4. 分屏

分屏是一种较为复杂的剪辑方式，它是指在一个画面中同时展示多个不同的场景或角色。这种方式能有效地传达时间的流逝或多线并进的故事结构。例如，在一个叙述多个人物事件的视频中，通过分屏可以同时展示这些事件，增加故事的层次感和丰富性。图1-15所示为利用分屏展示出5个人不同的面部表情。

图1-15

1.4　视频剪辑常用工具

视频剪辑工具有很多，常用的包括剪映、Premiere Pro等。用户可以根据自己的能力及使用习惯来选择视频剪辑工具。

1.4.1　轻量化视频剪辑工具代表——剪映

专业视频剪辑工具功能强大，可满足各种复杂项目的需求。但是，对于初学者来说可能需要一定时间学习和适应。为了让初学者也能够轻松地对视频进行简单的剪辑，市面上涌现出一大批轻量化的视频剪辑工具，其中剪映已成为众人皆知的视频剪辑工具。

剪映是一个功能强大且易于使用的视频剪辑工具，它没有过于专业的操作，只需要拖动视频素材到窗口就可以直接剪辑。另外，剪映还提供了内置的素材库，素材的类型包括视频、音频、文字、贴纸、特效、转场、滤镜等，用户无须到视频素材网站中寻找素材，一键便可将素材库中的素材添加到视频中，即使是初学者，通过简单的学习也能够快速制作出效果不错的视频。图1-16所示为剪映模板界面。

图1-16

1.4.2 专业视频剪辑工具代表——Premiere Pro

在专业领域中，Premiere Pro（简称PR）在广告、电影、电视剧等制作方面获得了一致好评。创作者可以利用PR强大的功能实现高水平的剪辑和后期制作。PR主要功能包括剪切、合并、添加字幕、调色、音频处理等。PR的时间线编辑界面使剪辑视频变得直观、简单，同时支持多种视频格式，能满足不同项目的需求。此外，PR与其他Adobe软件无缝集成，可方便地进行素材交互和后期处理。图1-17所示为使用PR处理视频效果的界面。

图1-17

1.5 AIGC在短视频制作中的应用

AIGC（Artificial Intelligence Generated Content，人工智能生成内容）在短视频制作中可以协助创作者提高内容创作的效率，还可以激发创作者的创意表达。下面将对AIGC在短视频制作中的主要应用进行介绍。

1.5.1 内容创作辅助

AIGC能够辅助短视频创作者进行内容创作及视频生成，显著提升短视频创作效率和内容多样性。以短视频脚本编写为例，打开一个AIGC网页或软件，在对话框中输入要求后，AIGC将自动生成脚本及分镜头。下面以创建传统节日脚本为例，来展示AIGC的用法。

提问：你是一位短视频内容创作者，现在需要制作一份关于传统节日——春节的短视频脚本，要求短视频氛围喜庆热闹，短视频时长约1分钟。

内容生成如下。

春节短视频脚本

[开场画面]
画面：空中焰火照亮夜空，一阵阵鞭炮声响起，画面切换到挂满灯笼的街道。
背景音乐：欢快的春节传统音乐。
旁白：（兴奋的语气）"欢迎来到最热闹、最温馨的节日——春节！跟随我们的镜头，一起感受这份独特的喜悦吧！"

[家庭团聚]
画面：全家围坐在饭桌旁，忙碌着准备年夜饭。
特写：包饺子、切年糕的细节镜头。
旁白："春节，是家人团聚的节日。无论身在何处，这一天，每个人的心都回到了家。"

[传统习俗]
画面：孩子们穿着新衣，拿着压岁钱开心地笑着；长辈们忙着贴春联、挂中国结。
特写：爷爷用毛笔在红纸上写春联，孩子们的眼里闪着光。
旁白："春节里，每个角落都充满了传统的味道。从压岁钱到春联，每一样都承载了长辈对我们的祝福。"

[走亲访友]
画面：家家户户的门口挂着灯笼，人们拜年访友，互送祝福。
特写：亲朋好友相见，拥抱、谈笑的温馨画面。
旁白："走亲访友，传递的不仅有礼物，还有一份份深深的情谊。"

[传统表演]
画面：街头上的舞狮、舞龙表演，吸引了众多观众。
特写：舞狮者灵活的动作，舞龙的龙身在空中飞舞。
旁白："舞狮、舞龙，每一场表演都是对新年的美好祈愿。"

[热闹的市场]
画面：热闹的夜市，摊位上摆放着各种各样的年货。
特写：小贩热情叫卖，顾客们挑选年货的快乐场景。
旁白："春节的夜市，是色彩，是欢笑，更是一年新的开始。"

[结尾]
画面：全家人在烟花下拍合照，画面渐渐定格，转为新年祝福。
背景音乐：音乐缓缓结束。
旁白："春节，不仅仅是一个节日，更是一份情感的传递，一种文化的延续。在这新的一年里，愿每个人都能
　　　收获满满的幸福与喜悦。春节快乐！"

[结束画面]
画面：画面中央显现"春节快乐！"的字样，背景是烟花绽放的夜空。
背景音乐：随着"春节快乐！"字样的出现，音乐达到高潮，随后慢慢结束。

　　此脚本旨在通过一分钟的时间，展现春节的热闹与温馨，以及这个传统节日中的各种习俗和活动，让观众感受到浓浓的节日氛围。

　　除了支持脚本编写外，AIGC还支持从文字生成视频，这一功能极大地降低了视频制作的门槛及成本，为短视频创作者的内容创作提供了更多的可能性。图1-18所示为Sora通过文字生成的视频画面。

图1-18

1.5.2 智能剪辑和混剪

AIGC可以自动分析原始视频素材，识别关键帧、场景转换和高光时刻，然后根据预设的模板或用户自定义的规则进行剪辑，快速生成短视频，这一功能主要通过自然语言处理（Natural Language Processing，NLP）技术实现。除此之外，AIGC能自动应用滤镜、色彩校正、动态图形等特效，增强视频的表现力和吸引力。通过深度学习和计算机视觉技术，AIGC还可以实现对视频中特定对象的识别、跟踪和特效应用，如自动打码、人脸替换、背景虚化等。

1.5.3 视频合成

AIGC支持生成虚拟场景、AI语音合成技术等，在视频合成中起到了关键的作用，主要包括以下4点。

1. 生成虚拟场景

AIGC可以通过文本描述或图像输入生成逼真的虚拟场景，并将虚拟场景和真实素材进行无缝融合，使得虚拟角色或物体能够与实拍背景进行交互，大大提升视频的视觉效果和观众的沉浸感。

2. 生成角色和物体

AIGC可以根据文本描述或图像输入生成各种虚拟角色和物体模型，为视频合成提供更多的元素和创意选择。

3. 自动运动匹配

AIGC可以分析实拍素材和虚拟元素的运动轨迹，通过智能算法实现运动匹配，使得虚拟元素与实拍素材的运动画面衔接更加自然和协调。

4. AI语音合成技术

通过AI语音合成技术，AIGC可以根据文本内容自动生成多种语言、方言或特殊音色的配音，丰富短视频的表达形式。

随着技术的不断进步，未来AIGC可以为短视频创作者提供更加强大的智能化支持，减轻创作者从策划到执行环节的工作负担，推动行业向智能化、个性化和高效化的方向发展。

1.6 短视频制作前景

随着技术的进步和用户需求的增长，短视频制作已经成为一个快速增长的行业，前景广阔且充满活力。下面从用户需求、技术发展等方面分析短视频的制作前景。

1. 用户需求的增长

随着智能手机的普及和移动互联网的发展，人们消费信息的习惯发生了变化。短视频以其直观、生动、易消费的特点，满足了用户快速获得信息和娱乐的需求。用户需求的增长，为短视频制作提供了庞大的市场空间。

2. 社交平台的推动

社交平台如抖音、哔哩哔哩等的兴起，为短视频的传播提供了强大的平台。这些平台的算法倾向于推广短视频内容，使得短视频能够迅速获得高曝光率和传播率。

3. 技术发展的推动

AI、大数据、5G等技术的发展，为短视频制作提供了更多可能性。例如，AI技术可以帮助创作者自动生成视频字幕、优化视频推荐算法，5G技术可以提升视频的传输速度和观众的观看体验。技术的发展不仅提升了短视频的制作和播放效率，也为创作者和观众带来了更好的体验。

4. 商业模式的成熟

短视频平台开始形成成熟的商业模式，通过短视频，企业和商家可以以较低的成本，快速向潜在消费者展示产品和服务，提高品牌知名度和用户参与度。个人也可以借助短视频，通过广告收入、商品销售等多种方式获得经济收益，这吸引了更多的创作者参与到短视频制作中。

1.7 知识拓展

Q 短视频平台如何利用算法推荐内容?

A 短视频平台通常使用机器学习算法来分析用户行为数据,如观看时间、互动行为(点赞、评论、分享)等,以此推荐个性化的内容给用户,改善用户体验并增加用户黏性。

Q 短视频的关键指标有哪些?

A 短视频的关键指标主要用于衡量短视频的表现、观众的参与度以及内容的传播效果,其中比较重要的指标包括浏览量、浏览时长、完播率、点赞数、评论数、分享数、关注增长、点击率、用户留存率、转化率、负面反馈、成本效益等,通过对这些关键指标进行综合分析,内容创作者和平台运营者可以更好地了解短视频内容表现,从而做出相应的调整和优化策略。

Q 什么是视频SEO?

A 视频SEO(Search Engine Optimization,搜索引擎优化)指的是通过优化视频的标题、描述、标签、封面等元素,使视频容易被搜索引擎检索到,从而提高视频在搜索结果中的排名。

Q 短视频的时长多长比较合适?

A 短视频的理想时长取决于短视频内容、类型和发布平台。一般来说,15秒到1分钟的短视频更容易获得观众的关注和喜爱。但对于需要深入讲解的内容,可以适当延长短视频的时长,以保证信息能够完整传递给观众。

Q 如何分析短视频的表现并优化内容?

A 利用社交平台提供的分析工具,跟踪短视频的浏览量、点赞数、分享数和观众留言,根据数据反馈调整短视频内容,试验不同的主题和发布时间,以提高观众的参与度和短视频的传播效果。

Q 是否需要专业的摄影设备来制作高质量的短视频?

A 虽然专业设备可以提高短视频质量,但是许多智能手机已经足够生产出高质量的短视频。制作高质量的短视频的关键是掌握拍摄技巧和后期编辑技能。

Q 短视频制作的趋势有哪些?

A 当前的趋势包括使用垂直视频格式、增加互动元素、个性化内容,以及利用AI(Artificial Intelligence,人工智能)和AR(Augmented Reality,增强现实)技术创造独特的观众观看体验。

Q 怎样通过短视频建立个人或品牌形象?

A 保持内容风格和主题的一致性,传达清晰的价值观和理念。用高质量的短视频展示个人或品牌的专业度,与观众建立情感连接,逐步树立用户信任和品牌权威性。

第2章 第2章

剪映的基本操作

剪映是一款轻量化的短视频剪辑软件，其界面简洁、清晰，易于操作。剪映不仅具备全面的剪辑功能，还拥有丰富的素材库，可以满足不同用户的需求，让用户轻松地制作出高质量的作品。目前，剪映支持在手机端、Pad 端、电脑端使用。本章将对剪映的常见版本、使用方法等进行详细介绍。

2.1 剪映手机版与专业版的区别

　　剪映手机版是一款在移动设备上进行视频剪辑的应用程序，其为用户提供了简洁的界面和操作方式。剪映专业版是一款轻而易剪的视频剪辑工具，适用于Windows和macOS等操作系统，其界面展示更完整、面板功能更强大、布局更适合计算机用户，可用于更多专业剪辑场景。

2.1.1 剪映手机版

　　受到手机屏幕尺寸的限制，剪映手机版的操作界面相较专业版，更加简洁。下面介绍剪映手机版的工作界面。

1. 初始界面

　　打开剪映手机版，首先会进入初始界面，初始界面包括智能操作区、创作入口、素材推荐区、本地草稿区、功能菜单区等板块，如图2-1所示。

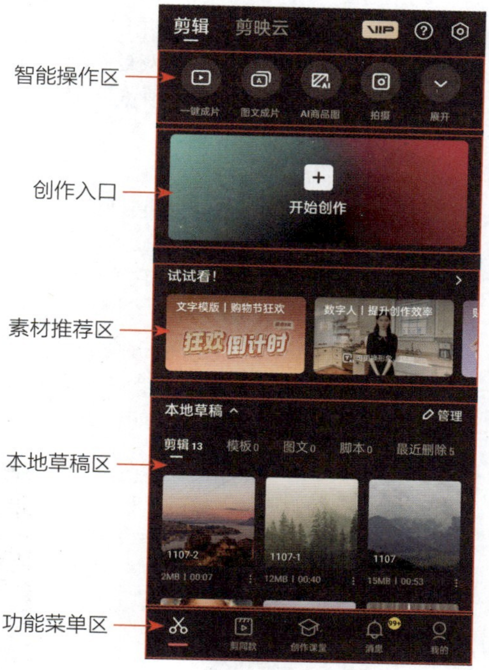

　　（1）智能操作区

　　智能操作区位于初始界面的顶部，默认为折叠状态，点击右侧的"展开"按钮（或向下滑动屏幕），可以展开该区域。该区域提供各种智能工具，例如一键成片、图文成片、AI作图、创作脚本、提词器、智能抠图等。使用这些工具可以提升视频剪辑的效率。

　　（2）创作入口

　　点击"开始创作"可以切换到创作界面。在创作界面中可以对视频进行各种剪辑和编辑。

　　（3）素材推荐区

　　"试试看！"是一种素材模板功能，其提供了大量特效、滤镜、文本、动画、贴纸、音乐等类型的素材模板，以便用户更快地找到自己喜欢的视频效果。选择某个效果后，例如选择一款贴纸效果，在打开的界面中选择一款贴纸，点击"试试看"按钮即可应用该贴纸效果。

图2-1

　　（4）本地草稿区

　　本地草稿区中包含"剪辑""模板""图文""脚本""最近删除"5个选项区。

　　在创作界面中编辑过的视频会自动保存在"剪辑"选项区中，而模板草稿、图文草稿以及脚本草稿会保存到对应的选项区中。删除的草稿会先保存在"最近删除"选项区，30天后将会被永久删除。

　　（5）功能菜单区

　　功能菜单区包含"剪辑""剪同款""创作课堂""消息""我的"选项卡。启动剪映后默认显示"剪辑"选项卡中的内容，即初始界面。

　　"剪同款"界面为用户提供了风格各异的模板，方便用户快速选择模板，并制作出精美的同款短视频。

　　"创作课堂"界面包含剪映为用户提供的与短视频制作相关的教程，用户可以通过观看这些教程学习短视频的剪辑技巧。

　　"消息"界面中显示用户收到的各种消息，包括官方的系统消息、视频的评论消息、粉丝留言以及点赞信息。

　　"我的"界面包含个人信息，以及用户喜欢或收藏的模板、贴纸、图片等内容。

2. 创作界面

创作界面主要包括预览区域、时间线区域、工具栏等3个主要区域，如图2-2所示。

（1）预览区域

预览区域用于显示和预览视频画面。当在时间线区域中移动时间轴时，预览区域中会显示时间轴所在位置的那一帧画面。在视频剪辑过程中，需要通过预览区域观察操作效果。

预览区域左下角的时间表示时间轴所处的时间刻度，以及视频的总时长。当视频剪辑完成后，点击预览区域下方的"播放/暂停"按钮▷，可以对完整的视频进行预览。预览区域右下角的"撤销"按钮↺和"恢复"按钮↻，用于撤销或恢复执行的操作。点击"全屏播放"按钮⛶，可以将预览区域切换至全屏显示模式，如图2-3所示。

（2）时间线区域

时间线区域包含轨道、时间刻度以及时间轴三大主要元素。不同类型的素材会在不同的轨道中显示，当时间线区域中被添加了多个轨道时，例如添加了音频、贴纸、特效等素材，默认只显示视频和音频轨道，没有执行操作的轨道会被折叠。

另外，视频轨道左侧还包含"关闭原声"和"设置封面"两个按钮，点击这两个按钮可以关闭视频原声以及为视频设置封面，如图2-4所示。

预览区域

时间线区域

工具栏

图2-2

图2-3

时间刻度

被折叠的轨道

关闭原声 · 设置封面

添加原始素材

时间轴

图2-4

（3）工具栏

工具栏中包含用于编辑视频的工具，在不选中任何轨道的情况下，显示的是一级工具栏，当在一级工具栏中选择某个工具后会切换到与该工具栏相关的二级工具栏。例如在一级工具栏中点击"文字"按钮，二级工具栏中会显示与"文字"相关的操作按钮，如图2-5所示。

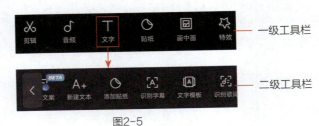

一级工具栏

二级工具栏

图2-5

2.1.2 剪映专业版

剪映专业版的工作界面和手机版相同，也分为初始界面和创作界面。下面对这两个界面进行详细介绍。

1. 初始界面

启动剪映专业版以后，会先打开初始界面，初始界面由个人中心、创作区、草稿区、导航栏四大主要板块组成，如图2-6所示。

图2-6

2. 创作界面

剪映专业版的创作界面由素材区、播放器窗口、功能区以及时间线窗口4个主要部分组成，如图2-7所示。

图2-7

剪映专业版创作界面的主要组成部分作用说明如下。

（1）素材区

素材区包括媒体、音频、文本、贴纸、特效、转场、滤镜、调节、模板9个选项卡。可以为视频添加相应的素材或效果。

（2）播放器窗口

剪映专业版的播放器窗口与手机版的预览区域在外观上基本相同，其作用是预览视频、显示视频时长、调整视频比例等。

（3）功能区

当对不同类型的素材执行操作时，功能区会提供与所选素材相关的选项卡以及各种功能按钮、参数、选项等，以便对所选素材的效果进行编辑。

（4）时间线窗口

时间线窗口包含工具栏、时间刻度、素材轨道、时间轴等元素。

2.2 初学者快速成片的方法

剪映对没有学习操作技巧的初学者非常友好，其不仅提供了丰富的模板，还可以利用智能工具快速创作脚本，实现一起拍、文字成片等。

2.2.1 套用模板

剪映提供了海量的模板，而且模板类型十分丰富。使用模板可以大大缩短视频制作的时间，用户只需要将自己的素材添加到模板中，即可快速制作出高质量的视频。下面介绍如何套用模板快速制作高质量视频。

1. 根据风格类型选择模板

启动剪映专业版，在初始界面中单击导航栏内的"模板"选项卡，打开的界面包含不同风格的模板，剪映已经对这些模板进行了详细分类，例如风格大片、片头片尾、宣传、日常碎片、vlog、卡点、旅行、情侣、纪念日、游戏、美食等。用户可以根据需要的风格来选择模板，如图2-8所示。

图2-8

2. 根据条件选择模板

若用户对将要制作的视频有一定要求，比如想要某一种指定类型的模板，或对画幅比例、模板时长、视频中出现的片段数量有一定要求，则可以通过"模板"选项卡左上角的搜索框搜索模板，并在3个下拉列表中设置具体条件，如图2-9所示。

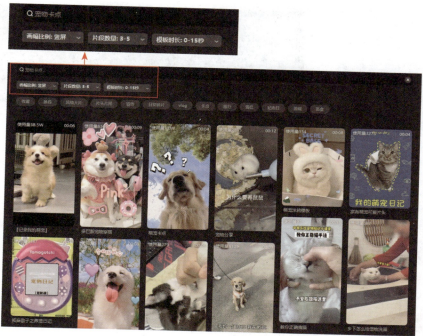

图2-9

选择模板后，该模板会自动在创作界面中打开，如图2-10所示。此时用户只需替换其中的视频素材即可。

图2-10

2.2.2　创作脚本

"创作脚本"是一个帮助用户进行视频创作的工具。剪映专业版和手机版都可以使用"创作脚本"工具。创作脚本可以将视频制作过程分成四大环节，包括文案、镜头内容、拍摄技巧和地点。

手机版和专业版的剪映都可以新建脚本。使用剪映手机版时，可以在"创作脚本"页面点击屏幕下方的"新建脚本"按钮，如图2-11所示，进入脚本创作页面。

剪映专业版则是在初始界面中单击"创作脚本"按钮，打开脚本创作页面，如图2-12所示。

图2-11

图2-12

2.2.3 实操案例：文字成片快速出片

"文字成片"功能可以为输入的文字智能匹配图片或视频素材，添加字幕、旁白和音乐，以及自动生成视频。这个功能对于擅长撰文但不会剪辑的创作者十分友好，进一步降低了视频制作的门槛。下面介绍如何使用剪映专业版的"文字成片"功能快速制作视频。

实 例	制作青海风景文化介绍短视频
素材位置	配套资源 \ 第2章 \ 素材 \ 青海文案.docx

Step01：启动剪映专业版，在初始界面中单击"文字成片"按钮，如图2-13所示。

Step02：打开"文字成片"窗口，在该窗口中，用户可以输入视频的主题、话题，设置视频的时长，然后使用AI功能自动生成文案，也可以使用自己准备的文案。这里选择"自由编辑文案"，如图2-14所示。

图2-13

Step03：在文本框中输入文案，在窗口右下角选择一个合适的人声，随后单击"生成视频"按钮，选择"智能匹配素材"选项，如图2-15所示。系统随即开始根据所输入的文字自动匹配素材，并显示视频的生成进度。

知识延伸

剪映手机版"图文成片"工具的位置

在剪映手机版中，"文字成片"功能的名称为"图文成片"，用户可以在初始界面中的智能操作区中找到该工具。

图2-14

图2-15

Step04：视频生成后会自动在剪映创作界面中打开，在时间线窗口中可以查看自动匹配和生成的素材情况。在此基础上，创作者还可以通过进一步的剪辑，精细化调节视频的效果，如图2-16所示。

图2-16

2.3 使用剪映专业版创作短视频

选择好视频剪辑软件，并准备好素材后，便可以制作短视频了。下面介绍如何在剪映中导入素材、复制素材、删除素材、分割素材与裁剪素材，以及启用预览轴等。

2.3.1 导入素材

在剪映专业版中导入本地素材有两种方法：方法一是在素材区中打开"媒体"选项卡，在"本地"界面中单击"导入"按钮；方法二是直接将素材拖动到素材区或时间线窗口中，如图2-17所示。

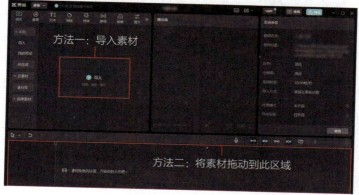

图2-17

2.3.2　复制素材

在剪辑视频的过程中，经常需要复制素材，以便制作各种视频效果，或避免重复操作，加快剪辑速度。比如制作好一个文本字幕后，复制该文本字幕，并修改文本内容即可快速获得具有相同格式的新字幕。另外，很多视

图2-18

频效果也需要通过复制主轨道中的视频片段来完成，例如文字穿透人体、物体镜像显示等。

以复制视频素材为例，在时间线窗口中选中要复制的视频片段，按Ctrl+C组合键进行复制，随后定位时间轴，按Ctrl+V组合键进行粘贴。时间线窗口中会自动新增一个轨道，并以时间轴当前位置作为起始点显示复制的视频素材，如图2-18所示。

2.3.3　删除素材

在编辑视频的过程中若要去除某种效果，或移除某个视频片段，可以将这些素材从轨道中删除。

在轨道中选中要删除的素材片段，按Delete键，或在时间线窗口的工具栏中单击"删除"按钮，如图2-19所示，即可将该素材从轨道中删除，如图2-20所示。

图2-19

图2-20

2.3.4　分割素材

将素材添加到轨道中以后，可以对素材进行分割。时间线窗口的工具栏内提供了分割工具，用户可以使用该工具进行分割操作。

在时间线窗口中选择要进行分割的素材片段，拖动时间轴，根据播放器窗口中的预览画面确定分割的位置，如图2-21所示。

图2-21

在工具栏中单击"分割"按钮，即可将所选素材从时间轴当前位置分割，如图2-22所示。

图2-22

2.3.5　裁剪素材

时间线窗口的工具栏中包含"向左裁剪"按钮 $\blacksquare$ 和"向右裁剪"按钮 $\blacksquare$，用户可以使用这两个按钮将时间轴左侧或右侧的素材裁剪掉。

在时间线窗口中选择要裁剪的素材片段，将时间轴拖动至要进行裁剪的位置，单击裁剪按钮即可裁剪素材，如图2-23所示。

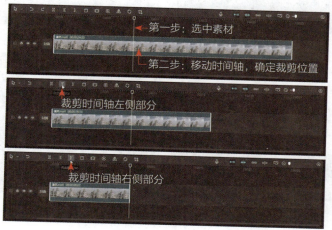

图2-23

2.3.6　启用预览轴

预览轴的主要作用是在剪辑视频时提供实时预览画面，让视频创作者能够快速地定位到想要剪辑的某一帧。这样，无论是需要精确剪辑，还是想找到特定的画面，都能大大提高效率和精度。在时间线窗口的工具栏右侧单击"打开预览轴"按钮，即可启用预览轴，如图2-24所示。

图2-24

2.3.7　实操案例：视频粗剪

实 例	视频粗剪
素材位置	配套资源 \ 第2章 \ 素材 \ 花远景.mp4、花近景.mp4、花特写.mp4

Step01：在素材文件夹中选择3个视频素材，将所选视频素材拖动至剪映创作界面的时间线窗口中，如图2-25所示。

Step02：松开鼠标左键后所选视频素材即可批量添加至主轨道中，如图2-26所示。

Step03：选择"花特写.mp4"视频素材，按住鼠标左键向主轨道右侧拖动，将其移动到最右侧，如图2-27所示。

Step04：选中第一段视频素材，将时间轴移动至00:00:03:00时间点，在工具栏中单击"向右裁剪"按钮，如图2-28所示。

图2-25

图2-26

图2-27

图2-28

Step05：所选视频素材位于时间轴右侧的部分被删除；随后参照Step04继续裁剪剩余视频素材，使每段视频的时长为3秒，如图2-29所示。

图2-29

2.4　素材的基础编辑

导入视频素材后可以对视频素材进行基础编辑，包括调整视频比例、裁剪和旋转视频画面、设置镜像效果、设置倒放、定格画面等。

2.4.1　调整视频比例

剪映专业版内置了很多常见的视频比例，比如16∶9、9∶16、4∶3、3∶4、2∶1、1∶1等。当视频的原始比例不符合要求时，可以重新设置其比例。下面介绍设置视频比例的具体方法。

在播放器窗口右下角单击"比例"按钮，在展开的菜单中可以看到所有剪映专业版内置的视频比例，此处选择"16∶9（西瓜视频）"选项，如图2-30所示。视频的比例随即发生更改。

图2-30

2.4.2　裁剪视频画面

剪映专业版可以根据画面中的主体对画面尺寸进行自由裁剪。自由裁剪画面可以去除画面的多余部分，只保留主体，下面介绍如何自由裁剪视频画面。

实　　例	裁剪画面多余部分
素材位置	配套资源 \ 第2章 \ 素材 \ 南瓜中的小黑猫.mp4

Step01：导入素材并将素材添加到轨道中；在轨道中选择要设置画面尺寸的视频片段，在工具栏中单击"裁剪"按钮，如图2-31所示。

图2-31

Step02：打开"裁剪"对话框。此时默认为"自由"裁剪模式，画面周围会显示8个裁剪控制点，拖动裁剪控制点，设置好需要保留的画面（以正常颜色显示的区域是要保留的部分，变暗的区域是要被裁剪掉的部分），单击"确定"按钮，如图2-32所示。所选视频片段的画面被裁剪为相应尺寸，如图2-33所示。

图2-32　　　　　　　　　　　　　　　　图2-33

2.4.3　旋转视频画面

旋转视频画面是制作高级效果的基础步骤，旋转视频画面有很多种方法，下面介绍常用的方法。

实　　例	把视频旋转指定角度
素材位置	配套资源 \ 第2章 \ 素材 \ 风景.mp4

Step01：导入素材并将素材添加到轨道中；在轨道中选择要进行画面旋转的素材，在工具栏中单击"旋转"按钮，如图2-34所示。视频画面自动旋转90°，如图2-35所示。

图2-34　　　　　　　　　　　　　　　　　图2-35

　　Step02：再次单击"旋转"按钮，视频画面会在当前角度的基础上继续旋转90°，如图2-36所示。每次单击"旋转"按钮，视频画面都会在当前角度的基础上旋转90°。

　　除了单击"旋转"按钮，用户也可以通过拖动播放器窗口中视频画面下方的旋转按钮 ⟳ ，将画面旋转任意角度，如图2-37所示。

图2-36　　　　　　　　　　　　　　　　　图2-37

2.4.4　设置镜像效果

　　镜像表示将视频画面水平翻转。在轨道中选择要设置镜像效果的视频片段，在工具栏中单击"镜像"按钮，即可完成镜像设置，如图2-38所示。

图2-38

2.4.5　设置倒放

　　视频倒放是指将原本正常播放的视频从后往前播放。倒放是视频剪辑中常用的一种技巧，用来表现时间倒转。在视频轨道中选择视频片段，在工具栏中单击"倒放"按钮，即可将所选视频设置成倒放模式，如图2-39所示。

图2-39

2.4.6　定格画面

定格表示让视频中的某一帧画面停止，成为静止画面，在视频剪辑中比较常见，例如为了突出某个场景或人物，将画面定格。

在时间线窗口中选择要进行定格操作的视频片段。通过移动时间轴定位需要定格的画面，再在状态栏中单击"定格"按钮。时间轴当前位置的画面随即被定格，在时间线窗口中可以看到生成的定格片段，如图2-40所示。

图2-40

剪映专业版默认生成的定格片段时长为3秒，将鼠标指针移动到定格片段最右侧（或最左侧），当鼠标指针变成双向箭头时按住鼠标左键进行拖动，可以延长或缩短定格片段的时长，如图2-41所示。

图2-41

2.4.7　添加画中画轨道

画中画轨道指的是在视频剪辑的过程中，用于叠加和组合多个视频素材的轨道。在剪映专业版中，画中画轨道通常用于将一个或多个视频素材叠加到主轨道之上，以实现更加丰富的视觉效果。

实　　　例	制作画中画效果
素材位置	配套资源 \ 第2章 \ 素材 \ 沙滩.mp4、海边背影.mp4

Step01：在剪映专业版中导入两段视频素材，并将素材添加至主轨道中，选中需要在画面上层显示的视频素材，按住鼠标左键，向主轨道上方拖动，松开鼠标左键，即可将该视频素材添加到新建的轨道中，当两段视频的比例相同时，上方轨道中的视频画面会覆盖下方轨道中的视频画面，如图2-42所示。

Step02：保持上方轨道中的视频素材的选中状态，将鼠标指针移动至播放器窗口中的画面边角处，当鼠标指针变成双向箭头时按住鼠标左键进行拖动，缩放画面，如图2-43所示。

图2-42

图2-43

Step03：将鼠标指针放在上层画面上，按住鼠标左键进行拖动，将画面移动至合适的位置，如图2-44所示。预览视频，查看画中画的制作效果，如图2-45所示。

图2-44　　　　　　　　　　　　　　　　　　　图2-45

2.4.8　缩放画面并调整位置

2.4.7小节讲解了如何使用鼠标快速缩放画面，以及调整位置。除此之外，用户也可以通过在功能区中设置具体参数，精确调整画面的缩放比例和位置。

在轨道中选择要调整画面大小和位置的视频片段，在功能区中打开"画面"面板，在"基础"选项卡中的"位置大小"组内设置"缩放"参数值，可以调整所选视频画面的缩放比例；设置"位置"的X和Y参数值可以精确调整视频画面的位置，如图2-46所示。

图2-46

2.4.9　设置视频背景

剪映专业版可以将视频画面进行模糊处理以作为背景，也可以使用图片或素材作为背景，下面介绍如何为视频设置模糊背景。

实　　例	为视频设置模糊背景
素材位置	配套资源＼第2章＼素材＼小黄花.mp4

Step01：在剪映专业版中导入视频素材，并将素材添加到轨道，选中轨道中的素材；在功能区中打开"画面"面板，在"基础"选项卡中勾选"背景填充"复选框，随后单击"无"下拉按钮，在打开的下拉列表中选择"模糊"选项，如图2-47所示。

Step02：选择合适的模糊选项，为当前视频片段设置相应的模糊背景，如图2-48所示。

图2-47　　　　　　　　　　　　　　　　　　图2-48

知识延伸

除了可以为视频设置模糊背景，还可以为视频设置颜色背景和样式背景，在"背景填充"组中选择相应的选项，然后选择具体的颜色或样式即可。

2.4.10　视频防抖处理

剪映专业版的视频防抖功能可以减少视频拍摄过程中手抖等引起的画面抖动，提高视频的稳定性和清晰度。

在轨道中选择需要进行防抖处理的视频片段，在功能区中打开"画面"面板，打开"基础"选项卡，勾选"视频防抖"复选框，剪映随即对所选视频片段进行防抖处理，处理完成后轨道中会出现"视频防抖已完成"的文字提示，如图2-49所示。

图2-49

2.4.11　实操案例：对视频进行重新构图

在裁剪视频时，用户可以使用剪映专业版提供的比例自动裁剪画面，还可以设置旋转角度，对视频进行重新构图。

实　　例	裁剪视频并重新构图
素材位置	配套资源 \ 第2章 \ 素材 \ 塔素材.mp4

Step01：在剪映专业版中导入视频素材，并将素材添加到轨道中；随后选中轨道中的视频片段，在工具栏中单击"裁剪"按钮，如图2-50所示。

Step02：在打开的"裁剪"对话框中单击"自由"按钮，在展开的列表中选择"9∶16"选项，如图2-51所示。

图2-50　　　　　　　　　　　　图2-51

Step03：画面上方显示相应比例的裁剪框，如图2-52所示。

Step04：使用鼠标拖曳裁剪框的任意一个边角位置的圆形裁剪控制点，缩放裁剪框，随后将裁剪框拖动到合适的位置，即选择要保留的画面，如图2-53所示。

Step05：由于画面中的主体（塔）有些倾斜，因此拖动播放器窗口左下角的"旋转角度"滑块，将画面旋转适当角度，使主体在画面中垂直显示，设置完成后单击"确定"按钮，如图2-54所示。

图2-52   图2-53   图2-54

对视频进行重新构图前后的对比如图2-55、图2-56所示。

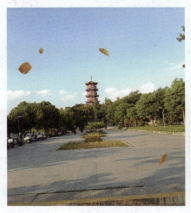

图2-55   图2-56

2.5 应用AI素材

剪映专业版的"AI生成"是一种强大的创作工具，它利用AI技术帮助用户快速生成高质量的视频。

2.5.1 生成AI素材

用户可以通过输入描述文字，让剪映专业版的AI系统根据这些词汇生成相应的图片或画作。这种一键生成图片的方式极大地简化了创作过程，同时也能产生意想不到的艺术效果。

启动剪映专业版，打开创作界面，在素材区中的"媒体"选项卡内单击"AI生成"，在打开的界面中可以根据想要生成的画面，在"描述画面"文本框中输入描述文字，如图2-57所示。随后单击"参数设置"按钮，在打开的菜单中对素材的样式、比例、步骤进行设置，如图2-58所示。

参数设置完成后单击"立即生成"按钮，即可自动生成一组（4张）图片素材，单击生成的素材，可以在播放器窗口中预览素材效果，如图2-59所示。

若对生成的素材效果不满意，可以单击素材右下角的"修改"按钮，对当前素材的描述文字进行修改，然后生成一组新的素材，或单击"重置"按钮，生成一组新素材，如图2-60所示。

图2-57

图2-58

图2-59

图2-60

2.5.2　生成超清图

　　生成AI素材后，可以选择一张素材图片，在所选图片上进行进一步的AI创作，生成超清图。在生成的一组图片素材中选择一张图片，然后单击"超清图"按钮，如图2-61所示。

　　剪映随即根据所选图片生成细节更丰富的超清图，如图2-62所示。

图2-61

图2-62

2.5.3　AI素材灵感

　　剪映专业版的"AI生成"工具为用户提供了创作灵感，在"媒体"选项卡中的"AI生成"界面内单击"灵感"按钮，如图2-63所示。打开"灵感"对话框，该对话框包括"自然风景""城市生活""动漫"3种类型的素材，将鼠标指针移动到感兴趣的素材上方，可以看到该素材的文字描述，单击"做同款"按钮，如图2-64所示。

　　所选素材的文字描述随即自动出现在"描述画面"文本框中，单击"立即生成"按钮，如图2-65所示。剪映专业版的"AI生成"工具会自动生成一组与所选素材的风格相似的素材，如图2-66所示。

图2-63　　　　　　　　　　　　　　　图2-64

图2-65　　　　　　　　　　　　　　　图2-66

2.5.4　实操案例：AI生成室内设计图

剪映专业版的"AI生成"工具可以生成各种风格的图片素材，下面介绍使用"AI生成"工具生成现代风格的室内图片素材。

实　　例	生成现代风格的室内图片素材
素材位置	无

Step01：启动剪映专业版，在创作界面中打开"媒体"选项卡，在"AI生成"界面内的"描述画面"文本框中输入描述文字，如图2-67所示。

Step02：单击"参数设置"按钮，在展开的菜单中设置"样式"为"通用"、"比例"为"16∶9"、"步骤"为"50"，如图2-68所示。

图2-67　　　　　　　　　　　　　　　图2-68

Step03：单击"立即生成"按钮，即可生成一组现代风格的室内图片素材；在需要使用的素材右下角单击"应用"按钮，即可将该素材添加到轨道中，如图2-69所示。

图2-69

2.6 保存和导出设置

视频编辑完成后需要将其导出，然后在各大短视频平台上发布。导出视频也有一些操作技巧，比如添加封面、设置视频分辨率和格式、导出音频等。

2.6.1 添加封面

短视频的封面对于吸引观众、提升视频质量和品牌形象具有重要意义。使用剪映专业版创作短视频时，可以从视频中选择某一帧画面作为封面，也可以从本地导入图片作为封面。下面以使用视频中的某一帧画面作为封面为例介绍如何添加封面。

实　　例	使用视频中的某一帧画面作为封面
素材位置	配套资源 \ 第2章 \ 素材 \ 城市（1）.mp4

Step01：导入素材并将素材添加到轨道中；单击时间线窗口中主轨道左侧的"封面"按钮，如图2-70所示。

Step02：打开"封面选择"对话框，默认状态下该对话框中显示的是正在编辑的视频的第一帧画面，移动预览轴选择要作为封面的那一帧画面，然后单击"去编辑"按钮，如图2-71所示。

图2-70

Step03：若直接使用所选画面作为封面，则直接单击"完成设置"按钮。此处想对画面进行适当裁剪，因此单击预览图左下角的"裁剪"按钮，如图2-72所示。

图2-71

图2-72

Step04：拖动画面周围的裁剪控制点，调整好要保留的区域，单击裁剪框右下角的"完成裁剪"按钮，如图2-73所示。

Step05：完成画面裁剪后，单击"完成设置"按钮，如图2-74所示，即可将当前对话框中的画面设置为封面。

图2-73

图2-74

2.6.2　设置视频标题

在剪映专业版中编辑的视频默认以创建日期作为标题，标题显示在创作界面顶部。若要修改视频标题，可以直接单击标题，标题随即变为可编辑状态，如图2-75所示。

输入标题名称后按Enter键或单击界面任意位置即可完成对标题的更改，如图2-76所示。

图2-75

图2-76

2.6.3　设置视频分辨率和格式

视频制作完成后单击界面右上角的"导出"按钮，打开"导出"对话框，单击"分辨率"下拉按钮，可以从下拉列表中选择一种分辨率，如图2-77所示。

在"导出"对话框中单击"格式"下拉按钮，可以将视频格式修改为"mov"，如图2-78所示。

图2-77

图2-78

2.6.4　导出音频

　　导出视频时，可以选择将视频中的音频单独导出成一个文件，也可以不导出视频，只导出音频。

　　视频制作完成后单击界面右上角的"导出"按钮，在"导出"对话框中勾选"音频导出"复选框，默认导出的音频格式为"MP3"，单击"格式"下拉按钮，可以在下拉列表中更改音频格式，如图2-79所示。

　　若不导出视频，只导出音频，可以在"导出"对话框中取消勾选"视频导出"复选框，然后勾选"音频导出"复选框，最后单击"导出"按钮，如图2-80所示。

图2-79

图2-80

2.6.5　草稿的管理

　　剪映专业版是在联网状态下工作的，其每一步操作都会被自动保存，退出视频编辑后可以在草稿区中找到编辑过的视频。当草稿区中的视频较多时需要进行适当的管理，以便更好地展开视频剪辑工作。

　　启动剪映专业版，在初始界面中的草稿区内可以看到所有草稿。将鼠标指针移动到指定草稿上，单击草稿右下角的⋯按钮，通过选择列表中的选项，可以对该草稿执行上传、重命名、复制、删除等操作，如图2-81所示。

　　在草稿区右上角单击🔍按钮，在展开的文本框中输入草稿名称中的关键字，即可快速搜索到该草稿，如图2-82所示。

图2-81

图2-82

2.6.6　实操案例：封面的设计和导出

实　　例	使用文字模板制作封面
素材位置	配套资源 \ 第2章 \ 素材 \ 小白花.mp4

　　设计封面时可以使用剪映专业版提供的文字模板快速完成操作。下面将介绍其具体操作方法。

　　Step01：导入素材并将素材添加到轨道中；在主轨道右侧单击"封面"按钮，如图2-83所示。

Step02：弹出"封面选择"对话框，在对话框底部移动预览轴选择一帧画面，此处选择第一帧画面，单击"去编辑"按钮，如图2-84所示。

图2-83　　　　　　　　　　　　　　　　　　　图2-84

Step03：打开"封面设计"对话框，在"模板"选项卡中选择"知识"类型，随后选择一个合适的文字模板，该文字模板即可被添加到封面中，如图2-85所示。

图2-85

Step04：将文字模板拖动到合适的位置，如图2-86所示。

Step05：依次选中文字模板中的不同文本框，修改文字，并可以对字体、字体效果、对齐方式等进行设置，如图2-87所示。设置完成后单击"完成设置"按钮。

图2-86　　　　　　　　　　　　　　　　　　　图2-87

Step06：返回剪映创作界面，单击右上角的"导出"按钮，打开"导出"对话框，设置标题、导出位置、分辨率、格式等参数，勾选"封面添加至视频片头"复选框，单击"导出"按钮，如图2-88所示，即可将视频及封面导出。视频封面的制作效果如图2-89所示。

图2-88　　　　　　　　　　　图2-89

案例实战：制作盗梦空间效果

　　使用镜像、复制、翻转、裁剪等基本操作，可以制作出各种高级的画面效果。下面将使用上述操作制作城市翻转、折叠的"盗梦空间"效果。

素材位置　配套资源 \ 第2章 \ 素材 \ 城市.mp4

1. 制作城市折叠视频效果

　　城市折叠效果可以通过复制、旋转、拼接视频等技巧来实现。下面介绍具体操作步骤。

　　Step01：在剪映专业版中导入视频素材，并将视频添加到轨道中，如图2-90所示。

　　Step02：保持视频素材为选中状态，在工具栏中单击"裁剪"按钮，对视频画面进行适当裁剪，效果如图2-91所示。

图2-90　　　　　　　　　　　图2-91

　　Step03：保持时间轴位于轨道的最左侧，执行复制粘贴操作，在新轨道中复制一份视频，如图2-92所示。

　　Step04：选中上方轨道中的视频片段，在工具栏中单击两次"旋转"按钮，将画面旋转180°，如图2-93所示。

　　Step05：保持上方轨道中的视频片段为选中状态，在工具栏中单击"镜像"按钮，将画面设置成镜像显示，如图2-94所示。

　　Step06：在播放器窗口中将上方轨道中的视频画面向上拖动，将下方轨道中的视频画面向下拖动，使拼接效果看起来自然即可，如图2-95所示。

图2-92   图2-93

图2-94   图2-95

2. 添加背景音乐

合适的背景音乐可以烘托视频的气氛，视频创作者可以从剪映音乐素材库中选择合适的背景音乐。

Step01：将时间轴移动到视频轨道的最左侧。在素材区中打开"音频"选项卡，单击"音乐素材"分组，展开该分组，可以选择需要的音乐类型，此处选择"纯音乐"选项，在需要的音乐素材右下角单击"添加到轨道"按钮 ，为视频添加背景音乐，如图2-96所示。

图2-96

Step02：在时间线窗口中选择背景音乐，将时间轴移动到视频轨道的最右侧，在工具栏中单击"向右裁剪"按钮，将背景音乐时长设置为与视频时长相同，如图2-97所示。

图2-97

3. 制作视频封面

视频封面是否"吸睛"决定了视频是否能够留住观众。下面将为视频制作一个封面。

Step01：在主轨道左侧单击"封面"按钮，如图2-98所示。

图2-98

Step02：打开"封面选择"对话框，在预览区域下方移动预览轴，选择要作为封面的画面，然后单击"去编辑"按钮，如图2-99所示。

Step03：打开"封面设计"对话框，在左侧"模板"选项卡中选择一个令自己满意的文字模板，即可在封面中添加该文字模板，如图2-100所示。

图2-99　　　　　　　　　　图2-100

Step04：删除文字模板中多余的文本素材。选中保留的文本素材，在封面左上角的文本框中修改文字内容，如图2-101所示。

Step05：通过封面上方工具栏中的操作按钮，可以对文字效果进行设置。此处保持"市"文字素材为选中状态，单击字体颜色按钮，可以在展开的菜单中选择需要的颜色，此处选择"深红"，如图2-102所示。

图2-101　　　　　　　　　　图2-102

Step06：所选文字随即被设置成深红色，效果如图2-103所示。

Step07：继续修改文本素材中其余的文字内容并设置字体颜色，效果如图2-104所示。

图2-103　　　　　　　　　　图2-104

Step08：此时文字模板左下角的文字内容和背景图片混杂在一起，不容易阅读，可以为其填充背景颜色；保持该文字素材为选中状态，在工具栏中单击"背景"按钮，在展开的菜单中设置背景色为白色，透明度为"50%"，如图2-105所示。设置完成的效果如图2-106所示。

图2-105 　　　　　　　　　　　　　　　　图2-106

Step09：单击预览图左下角的"裁剪"按钮，拖动裁剪框对封面进行适当裁剪，随后单击"完成裁剪"按钮，如图2-107所示，完成裁剪。

Step10：封面制作完成后单击"完成设置"按钮，退出"封面设计"对话框，如图2-108所示。

图2-107 　　　　　　　　　　　　　　　　图2-108

4. 导出视频

视频制作完成后可以将其导出，以便在短视频平台中发布。导出视频时需要根据实际情况选择视频分辨率、格式等。

Step01：在创作界面顶部修改视频名称，随后单击"导出"按钮，如图2-109所示。

Step02：打开"导出"对话框，勾选"封面添加至视频片头"复选框，设置视频导出位置，以及分辨率、格式等参数，单击"导出"按钮，即可导出视频，如图2-110所示。

图2-109 　　　　　　　　　　　　　　　　图2-110

至此完成城市盗梦空间效果的制作，视频的预览效果以及封面制作效果分别如图2-111、图2-112所示。

图2-111

图2-112

2.8　知识拓展

Q　如何将AI生成的素材下载到计算机中？

A　使用"AI生成"工具生成素材后，将鼠标指针移动到想要下载的素材上，单击"下载"按钮，如图2-113所示，打开"另存为"对话框，用户只需要将素材保存到计算机中的指定位置即可。

图2-113

Q　如何快速分割视频？

A　在时间线窗口中单击下拉按钮，在打开的下拉列表中选择"分割"选项，随后鼠标指针会变为形状，将鼠标指针移动到轨道中的素材上方并单击，即可快速分割视频，如图2-114所示。

Q　如何批量删除草稿？

A　在剪映初始界面中的草稿区内按住鼠标左键并拖动即可启动多选模式，勾选要删除的多个草稿，单击草稿区底部的"删除"按钮，即可将所选草稿批量删除，单击"关闭"按钮，则可退出多选模式，如图2-115所示。

图2-114

图2-115

短视频剪辑基本功

在短视频中，音频和字幕是必不可少的元素，其不仅可以增强情感表达、吸引观众注意力、营造氛围、增加趣味性以及强化品牌形象，还可以提高短视频的可读性、辅助观众理解并传递重要信息、增强观众的观看体验。本章将对音频和字幕的添加、编辑以及应用技巧进行详细介绍。

3.1 音频编辑基本技能

音频在短视频中具有重要的作用，合理地应用音频既可以推进故事情节、烘托气氛，又可以带动观众的情绪、引起观众的共鸣、给观众带来愉悦感，还可以增强短视频的信息传递效果，同时增加短视频的浏览量和分享数。

3.1.1 添加背景音乐

剪映专业版的音乐素材库为视频创作者提供了丰富的免费音乐资源，并根据音乐的特点进行了详细的分类，例如纯音乐、卡点、VLOG、旅行、悬疑、浪漫、轻快等。短视频创作者可以根据不同平台的特点和观众喜好，选择不同的音乐类型和风格，以获得更好的效果。

在剪映专业版的素材区中打开"音频"选项卡，在"音乐素材"分组中可以根据类型选择音乐，也可以直接搜索关键词查找自己需要的音乐，如图3-1、图3-2所示。

图3-1　　　　　　　　　　　　　　　　图3-2

3.1.2 添加音效

在视频中，音效具有增强观众的现场感、渲染场景的气氛、描述人物的内心感受、构建场景以及增强视频的趣味性等作用。适当运用音效可以使视频更加生动、有趣、具有感染力。

剪映专业版包含大量免费的音效素材，包括笑声、综艺、机械、悬疑、BGM、人声、转场、游戏、魔法、打斗等类型。在素材区中的"音频"选项卡中单击"音效素材"分组，可以看到所有音效类型，如图3-3所示。

图3-3

3.1.3 原声降噪

剪映专业版中的"音频降噪"功能可以减少音频中的环境噪声、电流声等不必要的杂音，提高音频的质量和清晰度。在轨道中选择带原声的视频，在功能区中打开"音频"面板，在"基础"选项卡中勾选"音频降噪"复选框，即可自动为所选视频中的音频降噪，如图3-4所示。

图3-4

3.1.4 音频变速

音频变速是指利用延长或缩短音频总时长，达到减缓或加速音频播放的效果。在轨道中选择音频素材，在功能区中打开"变速"面板，拖动"倍数"滑块便可设置音频变速，如图3-5所示。

图3-5

音频的默认播放速度为1.0x。向左拖动"倍数"滑块，参数值变小，会减缓音频播放速度，此时的音频总时长增加；向右拖动"倍数"滑块，参数值变大，会加快音频播放速度，此时的音频总时长变短。

3.1.5 音频淡化

为视频添加背景音乐时，为了防止音乐突然出现或消失得太突兀，可以为音频设置淡入淡出效果。

在时间线窗口中，当把鼠标指针移动到音频素材上时，音频素材的两端会分别显示一个圆形的控制点，这两个控制点即淡入和淡出控制点，用于设置音频的淡入和淡出效果。此处以设置音频淡出时长为例。将鼠标指针移动到音频结束位置的淡出控制点上，鼠标指针变成白色的双向箭头，如图3-6所示。按住鼠标左键拖动淡出控制点，即可为音频设置淡出效果，如图3-7所示。

图3-6

图3-7

3.1.6 实操案例：用音乐提升视频品质

实　　例	添加背景音乐
素材位置	配套资源＼第3章＼素材＼落霞.mp4

音乐在短视频中起到强化情感、传递信息、增加节奏的重要作用，对于提升视频质量至关重要。下面将为视频添加背景音乐，并对音乐素材进行简单的处理。

Step01：导入视频素材并将其添加到轨道中；将时间轴移动至轨道的最左侧，在素材区中打开"音频"选项卡，在"音乐素材"分组中选择"纯音乐"，随后添加一个令自己满意的音乐素材，如图3-8所示。

图3-8

Step02：将时间轴移动至视频的最右侧，选中音乐素材，在工具栏中单击"向右裁剪"按钮，删除多余的音乐，如图3-9所示。

Step03：保持音乐素材为选中状态，在功能区中的"基础"选项卡中设置"音量""淡入时长""淡出时长"，如图3-10所示。

图3-9

图3-10

3.2　音频素材进阶操作

在剪映专业版中还可以对音频素材进行更多设置，例如录制音频、原声变调、音画分离、音频踩点等。

3.2.1　录制音频

剪映专业版的"录音"功能允许用户在剪辑视频的过程中录制自己的声音，为视频内容提供更多的创作空间。在时间线窗口中，将时间轴移动到开始录制音频的时间点，在工具栏中单击"录音"按钮，如图3-11所示。系统随即弹出"录音"对话框，单击"点击开始录制"按钮，便可以开始录制音频。

图3-11

3.2.2　音频变调

剪映专业版支持对音频进行"声音变调"处理，即改变视频中声音的音调。音频变调需要在音频变速的条件下才能实现。在轨道中选择音频素材，在功能区中打开"变速"面板，拖动"倍数"滑块设置音频变速，然后打开"声音变调"开关，所选音频随即自动改变音调，如图3-12所示。

图3-12

3.2.3　音画分离

　　为了方便对视频的画面和音频进行单独编辑，可以将视频的原声与画面分离。在轨道中右击视频素材，在弹出的菜单中选择"分离音频"选项，如图3-13所示。视频中的音频随即被分离出来并自动显示在下方的音频轨道中，如图3-14所示。

图3-13　　　　　　　　　　　　　　　　　图3-14

3.2.4　音频踩点

　　音频踩点是指将视频画面按照音乐的节奏进行剪辑，以达到画面与音乐完美同步的效果。

　　剪映专业版支持自动踩点和手动踩点。若选择自动踩点，还可以选择自动踩点频率。在时间线窗口中选择音频素材，在工具栏中单击"自动踩点"按钮，在下拉列表中可以根据需要选择"踩节拍 I"或"踩节拍 II"，"踩节拍 I"的自动踩点频率要低于"踩节拍 II"的，如图3-15所示。

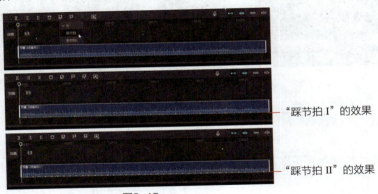

"踩节拍 I"的效果

"踩节拍 II"的效果

图3-15

3.2.5　实操案例：手动为音频踩点

　　若要手动为音频踩点，可以选中音频素材，然后将时间轴拖动到要踩点的位置，在工具栏中单击"手动踩点"按钮，如图3-16所示。时间轴当前位置随即被添加一个踩点标记，如图3-17所示。

图3-16　　　　　　　　　　　　　　　图3-17

知识延伸

删除踩点标记

　　为视频设置音频踩点后，若要单独删除某个踩点标记，可以将时间轴移动到该踩点标记上，然后在工具栏中单击"删除踩点"按钮；若要删除所有踩点标记，则可以单击"清空踩点"按钮。

3.3 字幕的添加与设计

　　在剪映专业版中创建字幕的方法有很多，视频创作者可以新建字幕，也可以使用系统提供的"花字"和"文字模板"创建字幕。

3.3.1 创建基本字幕

　　在剪映专业版中剪辑视频时可以通过新建文本来创建基本字幕，下面将介绍其具体操作方法。

实　　例	使用默认文本素材创建字幕
素材位置	配套资源＼第3章＼素材＼落霞.mp4

　　Step01：导入视频素材并将其添加到轨道中；在时间线窗口中将鼠标指针移动到需要添加字幕的时间点，在素材区中打开"文本"选项卡，单击"新建文本"分组，在"默认"界面中单击"默认文本"右下角的"添加到轨道"按钮 。时间线窗口中随即自动添加文本轨道，并以时间轴所在位置为起点插入文本素材，如图3-18所示。

　　Step02：保持文本素材为选中状态，在功能区中打开"文本"面板，在"基础"选项卡顶部的文本框中修改文本素材的内容，如图3-19所示。

图3-18

图3-19

　　Step03：在播放器窗口中拖动字幕文本框任意一个边角上的控制点，缩放字幕，如图3-20所示。

　　Step04：将鼠标指针置于字幕上，按住鼠标左键并拖动，调整字幕位置，如图3-21所示。

图3-20

图3-21

3.3.2 设置字幕样式

　　在剪映专业版中添加字幕后，为了让字幕更贴合画面，也为了让字幕更具艺术效果，可以对字幕的样式进行设置。

　　字幕的基础样式可以通过设置字体、字号、颜色、字间距等进行设置。下面将介绍其具体操作方法。

实　　例	创建文艺字幕
素材位置	配套资源＼第3章＼素材＼海浪轻拍岩石.mp4

Step01：导入视频素材并将其添加到轨道中；用鼠标指针在时间线窗口中定位，在素材区中打开"文本"选项卡，在"新建文本"分组下的"默认"界面内单击"默认文本"右下角的➕按钮，添加文本轨道。

Step02：保持文本素材为选中状态，在功能区中打开"文本"面板，在"基础"选项卡顶部的文本框内输入文本内容，如图3-22所示。

图3-22

Step03：保持轨道中的文本素材为选中状态，在"文本"面板中的"基础"选项卡内单击"字体"下拉按钮，在打开的下拉列表中包含"全部"和"可商用"两组选项，此处选择"可商用"选项下的"鸿蒙体细"，如图3-23所示。

Step04：设置字号为"5"、字间距为"20"，如图3-24所示。

Step05：单击"颜色"下拉按钮，在展开的颜色列表中选择合适的颜色，此处设置Hex参数为"465773"，如图3-25所示。

图3-23

图3-24

图3-25

Step06：在播放器窗口中拖动文本素材，将其移动到合适的位置，如图3-26所示。

Step07：预览视频，查看字幕的设置效果，如图3-27所示。

图3-26

图3-27

3.3.3　创建花字效果

剪映专业版的花字是一种非常具有特色的文字效果，花字通常具有鲜艳的颜色和独特的造型，具有很强的艺术感，可以大大提升视频的视觉效果，让视频更加生动、有趣。下面将详细介绍花字的使用方法。

实　　例	制作海报文字效果
素材位置	配套资源 \ 第3章 \ 素材 \ 复仇者.mp4

Step01：导入视频素材并将其添加到轨道中；打开素材区中的"文本"选项卡，单击"花字"分组，在展开的分组中可以看到所有花字类型，在需要使用的花字素材的右下角单击 ⊕ 按钮，即可将该花字素材添加到文本轨道中，如图3-28所示。

图3-28

Step02：在轨道中选择花字素材，在"文本"面板中的"基础"选项卡顶部的文本框中输入文本内容，随后单击"字体"下拉按钮，设置字体为正锐黑体；单击 I 按钮设置文字倾斜；设置"字间距"为"2"，如图3-29所示。

Step03：在播放器窗口中拖动花字文本框4个边角的任意一个控制点，适当放大花字，如图3-30所示。

Step04：将花字文本框拖动到画面下方的合适位置，如图3-31所示。

图3-29

图3-30

图3-31

3.3.4　使用文字模板

剪映专业版为视频创作者提供了海量的文字模板，这些模板不但被设定为创意十足的文字样式，而且大部分文字模板自带动画效果，创作者可以根据需要修改模板中的文本内容，从而快速获得高质量的字幕。下面将介绍文字模板的使用方法。

实　　例	制作旅行风格的字幕
素材位置	配套资源 \ 第3章 \ 素材 \ 机舱外.mp4

　　Step01：导入视频素材并将其添加到轨道中；用鼠标指针在时间线窗口中定位，在素材区中打开"文本"选项卡，单击"文字模板"分组，展开所有文字模板类型，选择"旅行"选项，在打开的界面中找到想要使用的文字模板，单击➕按钮，将其添加到文本轨道中，如图3-32所示。

　　Step02：在文本轨道中拖动文字模板素材的右侧边缘，设置其结束时间与下方视频轨道的结束时间相同，如图3-33所示。

图3-32 图3-33

　　Step03：保持文本模板为选中状态，在功能区中打开"文本"面板，在"基础"选项卡中对模板中的文本内容进行修改。随后向右适当拖动时间轴，使画面中显示出文字，在播放器窗口中调整好文本框的大小和位置，如图3-34所示。

图3-34

　　Step04：预览视频，查看使用文字模板创建字幕的效果，如图3-35所示。

图3-35

3.3.5 为字幕添加动画

　　为视频中的文字添加动画，可以制作出动态字幕的效果。动态字幕更容易吸引观众的注意力，增强视频的观赏性。下面将介绍动态字幕的制作步骤。

实　　例	为字幕添加动画
素材位置	配套资源 \ 第3章 \ 素材 \ 滑雪.mp4

　　Step01：导入视频素材并将其添加到轨道中；在时间线窗口中选择底部文本轨道中的文本素材，打开"动画"面板，在"入场"选项卡中选择"向下飞入"选项，为该字幕添加入场动画，如

图3-36所示。

Step02：切换到"出场"选项卡，选择"渐隐"选项，为该字幕添加出场动画，如图3-37所示。

图3-36　　　　　　　　　　　　　　　　　　图3-37

Step03：在时间线窗口中选择顶部文本轨道中的文本素材；打开"动画"面板，在"入场"选项卡中选择"波浪弹入"选项，随后拖动"动画时长"滑块，设置入场动画的时长为"0.8s"，如图3-38所示。

Step04：切换到"出场"选项卡，选择"渐隐"选项，动画时长保持默认的"0.5s"，如图3-39所示。

图3-38　　　　　　　　　　　　　　　　　　图3-39

Step05：预览视频，查看为字幕添加动画的效果，如图3-40所示。

图3-40

3.3.6　实操案例：制作动态字幕特效

在视频创作的过程中，有时候只需要简单的操作便可以制作出高级的字幕特效。下面将使用文字模板和文字动画制作动态字幕特效。

实　　例	制作动态字幕特效
素材位置	配套资源 \ 第3章 \ 素材 \ 猫咪.mp4

Step01：在剪映专业版中导入视频素材，并将素材添加至轨道，保持时间轴位于轨道的最左侧，在素材区中打开"文本"选项卡，在"文字模板"分组中选择"简约"选项，在打开的界面中选择一个合适的文字模板，如图3-41所示。

Step02：将时间轴移动至00:00:01:20时间点，在"文本"面板中添加"默认文本"素材，如图3-42所示。

图3-41　　　　　　　　　　　　　　　　　图3-42

　　Step03：保持新建文本素材为选中状态，在功能区中打开"文本"面板，在"基础"选项卡顶部的文本框内输入文本内容，如图3-43所示。

　　Step04：打开"动画"面板，在"循环"选项卡中选择"环绕"选项，设置"动画快慢"的值为"2.0s"，如图3-44所示。

图3-43　　　　　　　　　　　　　　　　　图3-44

　　Step05：打开"文本"面板，在"基础"选项卡中设置"缩放"的值为"56%"，随后将文字素材拖动到合适的位置，如图3-45所示。

图3-45

　　Step06：预览视频，查看动态字幕的效果，如图3-46所示。

图3-46

3.4 字幕的智能应用

在剪映专业版中还可以通过各种智能工具自动识别人声生成字幕，或自动识别字幕生成语音。下面将对这些智能工具进行介绍。

3.4.1 字幕识别

剪映专业版的"识别字幕"功能可以识别音频或视频中的人声，自动生成字幕。下面将介绍其具体操作方法。

实　　例	根据视频原声生成字幕
素材位置	配套资源 \ 第3章 \ 素材 \ 金色麦田.mp4

Step01：导入视频，将视频添加到视频轨道中，并保持轨道中的视频为选中状态。打开"文本"选项卡，单击"智能字幕"分组，在打开的界面中单击"识别字幕"选项中的"开始识别"按钮，如图3-47所示。

Step02：剪映随即开始识别所选视频中的人声，并自动为识别到的人声生成字幕，字幕的位置会与视频中声音的位置匹配，如图3-48所示。

图3-47

图3-48

Step03：自动生成的字幕默认为一个整体，对其中一段字幕设置格式，其他字幕也会自动应用相同的格式，如图3-49所示。

图3-49

知识延伸

在轨道中选择任意一段字幕，在功能区中打开"字幕"面板，可以看到每一段字幕的详细内容。根据声音自动生成的字幕有可能会出现错别字或断句有问题等情况，用户可以在该面板中对字幕进行修改和调整。

3.4.2　字幕朗读

剪映专业版的文本朗读功能可以将字幕以语音的形式呈现出来，而且语音有多种音色可供选择，视频创作者可以根据不同的需求选择合适的音色来为文字配音。下面将介绍具体操作方法。

实　　例	使用指定音色朗读字幕
素材位置	配套资源 \ 第3章 \ 素材 \ 月亮.mp4

Step01：导入视频并将视频添加到轨道中，随后创建字幕；选择需要朗读的字幕，在功能区中打开"朗读"面板，在不同声音选项上单击可以试听声音效果，此处选择"心灵鸡汤"选项，单击"开始朗读"按钮，如图3-50所示。

图3-50

Step02：字幕随即自动生成由所选声音朗读的音频，并在下方音频轨道中与字幕对应的位置显示，如图3-51所示。

图3-51

知识延伸

视频创作者也可以一次选择多段字幕进行朗读。在轨道中框选多段字幕素材，将这些字幕素材同时选中，随后在"朗读"面板中选择要使用的声音，单击"开始朗读"按钮，即可批量朗读字幕。

3.4.3　歌词识别

剪映专业版具有自动识别歌词的功能，该功能可以帮助用户快速地将音频中的歌词提取出来，免去了手动输入歌词的麻烦。

需要注意的是，自动识别出的歌词并不是完全准确无误的，对于一些口音较重或者背景噪声较大的音频，识别准确率可能会有所下降。因此，在使用这个功能时，建议选择清晰、干净的音频素材以提高歌词识别准确率。下面将介绍识别歌词的具体操作方法。

实　　例	自动将歌词识别为字幕
素材位置	配套资源 \ 第3章 \ 素材 \ 生活不只眼前的苟且还有诗和远方的田野.mp4

　　Step01：在剪映专业版中导入视频，并将视频添加到轨道中，选中视频；打开"文本"选项卡，单击"识别歌词"分组，在打开的界面中单击"开始识别"按钮，如图3-52所示。

　　Step02：识别完成后，轨道中会自动添加文本轨道，并显示歌词字幕，字幕的位置会自动与歌词在视频中的位置匹配，如图3-53所示。

図3-52　　　　　　　　　　　　　　　　　　図3-53

3.4.4　实操案例：自动匹配文稿

　　剪映专业版的"文稿匹配"功能可以根据用户输入的文稿，自动匹配视频中的人声，并生成相应的字幕；还可以对字幕的样式、颜色、大小、位置等进行修改，从而使字幕更加符合用户的需求和设计风格。

实　　　例	用文稿生成字幕并自动匹配音频
素材位置	配套资源＼第3章＼素材＼荷塘.mp4

　　Step01：导入视频并将视频添加到轨道中，在素材区中打开"文本"选项卡，单击"智能字幕"分组，在打开的界面中单击"文稿匹配"选项中的"开始匹配"分组，如图3-54所示。

　　Step02：打开"输入文稿"对话框，将提前制作好的字幕脚本复制到对话框中，单击"开始匹配"按钮，如图3-55所示，剪映随即开始自动生成字幕。

図3-54　　　　　　　　　　　　　　　　　　図3-55

　　Step03：字幕生成完成后，时间线窗口中会自动生成文本轨道，生成的字幕和视频中的人声匹配，如图3-56所示。用户可以对字幕的样式、位置、大小等进行调整。

図3-56

Step04：预览视频，查看使用文稿匹配自动生成的字幕效果，如图3-57所示。

图3-57

3.5 案例实战：制作音乐卡点视频

音乐卡点视频是目前十分流行的一种短视频形式，其主要特点是视频的画面切换与背景音乐的节奏相契合。在制作音乐卡点视频时，创作者需要根据音乐的节奏，精确地将不同的视频片段进行组合，使得画面切换与音乐节奏同步，从而给观众带来一种独特的观赏体验。下面将介绍制作音乐卡点视频的详细步骤。

素材位置　配套资源 \ 第3章 \ 素材 \ 动物（文件夹）

1. 添加素材

制作音乐卡点视频一般需要多段视频素材，下面将添加视频素材并对视频素材进行基本处理。

Step01：准备好用于制作音乐卡点视频的素材，并将这些素材放入一个文件夹中；按Ctrl+A组合键，将文件夹中的所有视频素材选中，并拖入剪映专业版"媒体"选项卡中的"本地"界面，如图3-58所示。

Step02：所有视频素材为选中状态时，单击任意视频素材右下角的按钮，所有视频素材随即被添加到主轨道中，如图3-59所示。

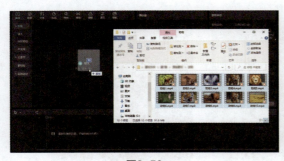

图3-58

图3-59

Step03：在素材区中打开"音频"选项卡，单击"音乐素材"分组，在打开的界面顶端的搜索框中输入要使用的音乐名称，按Enter键进行搜索；在搜索结果中单击第一个音乐素材右下角的按钮，将该音乐素材添加到音频轨道中，如图3-60所示。

2. 音乐卡点

每段视频的切换时间点与音乐的踩点标记相匹配，才能制作出节奏感强的踩点视频。下面将为音乐进行踩点，然后根据踩点位置裁剪视频。

图3-60

Step01：在轨道中选择音频素材，将时间轴拖动到00：00：14：05时间点，在工具栏中单击"向左裁剪"按钮，删除不需要的音乐，如图3-61所示。

Step02：将音乐素材拖动到音频轨道的最左侧，保持音频素材的选中状态，在工具栏中单击"自动踩点"按钮，在打开的下拉列表中选择"踩节拍Ⅱ"选项，如图3-62所示。

图3-61　　　　　　　　　　　　　　　　图3-62

Step03：音频素材随即被自动添加踩点标记，在视频轨道中选择第一个视频素材，将鼠标指针移动至该素材末尾，当鼠标指针变成黑色双向箭头时，按住鼠标左键并向左拖动，将结束位置对齐第三个踩点标记，如图3-63所示。

图3-63

Step04：参照Step03，调整下一段视频素材的结束位置，使其结束位置与第5个踩点标记对齐，如图3-64所示。

图3-64

Step05：参照Step03，继续调整剩余视频素材的结束位置，将所有视频的结束位置与相应的踩点标记对齐，如图3-65所示。

图3-65

Step06：选中音频素材，将时间轴拖动到最后一段视频的结束位置，在工具栏中单击"向右裁剪"按钮，删除多余的音乐，如图3-66所示。

图3-66

Step07：将鼠标指针移动到音频素材上，拖动结束位置的圆形淡出控制点，设置音乐淡出时长为"0.5s"，如图3-67所示。

图3-67

3. 添加转场

推近转场属于节奏感比较强的一类转场，适合用于音乐踩点视频。下面将为所有视频素材批量添加推近转场。

Step01：在视频轨道中选择第二个视频素材，在素材区中打开"转场"选项卡，单击"转场效果"分组，选择"运镜"选项，单击"推近"转场右下角的■按钮，如图3-68所示。

Step02：两个视频素材之间随即自动添加推近转场效果，在功能区中的"转场"面板中单击"应用全部"按钮，将当前转场效果应用到所有视频片段之间，如图3-69所示。

图3-68　　　　　　　　　　　　　图3-69

4. 添加特效

最后可以为视频添加抖动特效，增强视频的节奏感和动态效果。

Step01：将时间轴移动到轨道的最左侧，在素材区中打开"特效"选项卡，单击"画面特效"分组，选择"热门"选项，然后单击"抖动"特效右下角的■按钮，向视频中添加该特效，如图3-70所示。

Step02：拖动特效的右侧边线，使特效的结束位置与下方的视频和音频素材结束位置对齐，如图3-71所示，至此完成音乐卡点视频的制作。

图3-70　　　　　　　　　　　　　图3-71

Step03：预览视频，查看音乐卡点视频的效果，如图3-72所示。

图3-72

图3-72（续）

3.6 知识拓展

Q 如何精确调整视频音量，以及淡入淡出时长？

A 在时间线窗口中选择音频素材，打开"基础"面板，在该面板中可以设置"音量""淡入时长""淡出时长"的具体参数值，如图3-73所示。

图3-73

Q 如何创建竖排字幕？

A 将文本的对齐方式设置为垂直显示即可制作出竖排字幕。选择文本素材，在素材区中打开"文本"面板，在"基础"选项卡中选择垂直对齐方式即可将字幕更改为竖排显示，如图3-74所示。

图3-74

Ⓠ 如何为文字添加阴影？

Ⓐ 选择文本素材，在素材区中打开"文本"面板，在"基础"选项卡中勾选"阴影"复选框，随后设置阴影的颜色、不透明度、模糊度、距离、角度参数即可，如图3-75所示。

图3-75

第4章

短视频剪辑技能进阶

剪映的短视频剪辑进阶技能主要包括画面色彩调节、图层和混合叠加画面效果、智能工具的应用以及蒙版和关键帧的应用等，合理地应用进阶技能可以在很大程度上提升视频的质量和吸引力。本章将对剪映的短视频剪辑的进阶技能进行详细介绍。

4.1 画面色彩调节

通过对"调节"面板中各参数的设置，可以调节视频的色彩、亮度、对比度、饱和度等效果，达到增强视频的视觉冲击力、提升视频的质感、传达情感等目的。

4.1.1 基础调色

在功能区中打开"调节"面板，在"基础"选项卡中展开"调节"组，可以看到该组包含"色彩""明度""效果"3种类型的参数，通过调节这些参数可以对视频的色彩、亮度以及画面效果进行细致的调整，如图4-1所示。

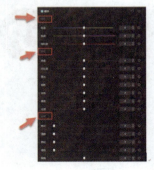

4.1.2 HSL调色

在剪映专业版中的HSL（色相、饱和度、亮度）可以单独控制画面中的某一种颜色，包含红色、橙色、黄色、绿色、浅绿色、蓝色、紫色和品红色8种基本色系。每种色系都可以独立调整色相、饱和度和亮度，如图4-2所示。

图4-1

HSL调色适合在需要精细调整照片中某种颜色的情况下使用。例如，在人像摄影中，需要更加精细地调整人物的肤色和嘴唇的颜色；在风景摄影中，需要更加准确地调整天空的蓝色和植物的绿色等。

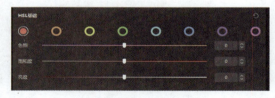

图4-2

下面将使用HSL调色工具将黄色落叶树林的色系更改为橙色。具体操作方法如下。

在剪映专业版中导入视频，并将视频添加到轨道中，保持视频为选中状态，打开"调节"面板，切换到"HSL"选项卡，选择要调整的颜色为橙色，随后将"色相"参数设置为"-100"，设置"饱和度"参数为"29"，如图4-3所示。

图4-3

使用HSL调色工具对视频调色前后的效果对比如图4-4所示。

图4-4

4.1.3　曲线调色

曲线调色是指通过调整曲线的形状来改变图像的颜色和亮度。在曲线调色中，每个颜色通道中的线条表示该颜色的亮度分布。线条上的点可以用来调整该颜色的亮度、对比度和饱和度等参数。通过调整线条上的点，可以改变图像或视频的色彩和亮度分布。例如，通过调整红色通道曲线上的点，可以增加或减小红色的亮度，从而改变图像或视频的红色分布，如图4-5所示。

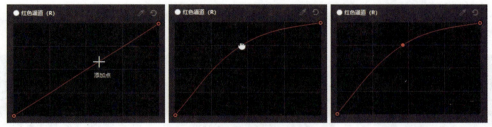

图4-5

4.1.4　色轮调色

色轮调色是指通过对色调、饱和度和亮度等参数进行调整，改变视频中的颜色。剪映专业版的"色轮"工具提供了暗部、中灰、亮部、偏移4个色轮。

每个色轮由颜色光圈、色倾滑块、饱和度光圈和亮度滑块4个主要部分组成，色轮底部显示"红""绿""蓝"3种颜色的参数框，如图4-6所示。拖动色轮中的各种滑块或手动输入颜色参数，可以让视频中的颜色更加均衡、饱满，让画面更加美观。

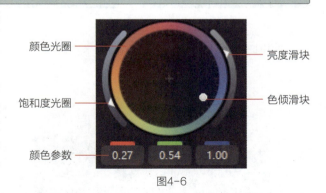

图4-6

4.1.5　实操案例：使用曲线工具为视频调色

下面将使用曲线工具将视频中的暗部提亮，并适当调整红色和绿色的亮度。

实　　例	提亮画面暗部
素材位置	配套资源＼第4章＼素材＼海边的城市.mp4

Step01：在剪映专业版中导入视频，并将视频添加到轨道中，在功能区中打开"调节"面板，切换到"曲线"选项卡，如图4-7所示。

图4-7

Step02：在"亮度"线条靠左下方的位置添加点，并向上方拖动点，提亮视频中较暗的部分，如图4-8所示。

Step03：在"红色通道"中的线条靠右上方的位置添加点，并向上方拖动点，适当增加画面亮部红色的亮度，如图4-9所示。

Step04：在"绿色通道"中的线条靠右上方的位置添加点，并向上方拖动点，适当增加画面亮部绿色的亮度，如图4-10所示。

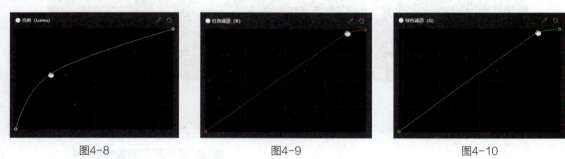

图4-8　　　　　　　　　　图4-9　　　　　　　　　　图4-10

使用曲线工具为视频调色前后的效果对比如图4-11所示。

图4-11

4.2 图层和混合叠加画面效果

设置图层混合模式以及调整画面透明度是视频后期处理的常用技巧。下面将对这两个视频后期处理的技巧进行介绍。

4.2.1　设置图层混合模式

在剪映专业版中，混合模式包含11种类型，分别为正常、变亮、滤色、变暗、叠加、强光、柔光、颜色加深、线性加深、颜色减淡和正片叠底。这些混合模式可以改变图像的亮度、对比度、颜色和透明度等特性，从而创作出不同的视觉效果。下面将以滤色为例介绍混合模式的使用方法。

滤色是较常用的混合模式，在实际应用中，滤色可过滤掉较暗的像素，保留较亮的像素，并将这些像素的颜色值与底层的颜色值进行混合，达到更亮的效果。

实　　例	制作月光倾泻湖面效果
素材位置	配套资源 \ 第4章 \ 素材 \ 湖面和月亮.mp4、上升的荧光和倒影.mp4

Step01：在剪映专业版中导入两段视频素材，并将视频素材添加到轨道中，拖动视频素材，让视频素材在两个轨道中显示，选中上方轨道中的视频素材，在"画面"面板中的"基础"选项卡内单击"混合模式"下拉列表，选择"滤色"选项，如图4-12所示。

Step02：所选视频的黑色背景随即被去除，并显示出下方轨道中的视频画面，从而形成两个视频画面相互重叠的效果，如图4-13所示。

图4-12

图4-13

Step03：预览视频，查看为视频设置"滤色"混合模式后的效果，如图4-14所示。

图4-14

4.2.2　调整画面透明度

在剪映专业版中，通过调整不透明度，可以调整视频或图像中各个像素的透明度，从而实现各种视觉效果。视频创作者可以在任何一种混合模式下调整视频或图像的透明度。

在剪映专业版中导入两段视频素材，并在不同轨道中显示，选中上方轨道中的视频片段，在"画面"面板中打开"基础"选项卡，在"混合模式"下方可以看到"不透明度"的默认值为"100%"，即不透明，如图4-15所示。

在"正常"混合模式下拖动"不透明度"滑块，即可对所选视频片段的透明度进行调整。"不透明度"参数值越小，画面越透明，如图4-16所示；当"不透明度"参数值为0时，画面将会完全透明。

图4-15　　　　　　　　　　　　　　　　　图4-16

视频创作者也可以在其他混合模式下调整不透明度，例如设置混合模式为"强光"，然后拖动"不透明度"滑块对视频片段的透明度进行适当调整，以达到更好的效果，如图4-17所示。

图4-17

4.2.3　实操案例：制作创意镂空字幕

短视频中经常见到的镂空字幕效果，能够为观众带来强烈的视觉冲击力和创意性的体验，下面将介绍镂空字幕的制作方法。

实　　例	制作镂空字幕效果
素材位置	配套资源＼第4章＼素材＼夕阳.mp4

Step01：在剪映专业版中导入视频素材，并将素材添加至轨道中；随后将时间轴移动至轨道的最左侧，在素材区中打开"文本"选项卡，添加"默认文本"素材，如图4-18所示。随后将文本素材的时长调整为与下方轨道中的视频素材的时长相同。

Step02：保持文本素材为选中状态，在功能区中"文本"面板内的"基础"选项卡顶部的文本框中输入文字，设置字体为"点宋体"，在播放器窗口中拖动文本素材的边框，将其适当放大，如图4-19所示。

图4-18　　　　　　　　　　　　　　　　　图4-19

Step03：打开"媒体"选项卡，在"素材库"分组中的"热门"类型中选择"黑场"素材，如图4-20所示。

图4-20

Step04：保持黑场素材为选中状态，按Ctrl键并单击文本素材，将这两个素材同时选中，随后右击所选素材，在弹出的菜单中选择"新建复合片段"选项，如图4-21所示。所选素材随即被创建为复合片段，如图4-22所示。

图4-21

图4-22

Step05：将复合片段拖动至上方轨道中，保持复合片段为选中状态，在"画面"面板的"基础"选项卡中设置混合模式为"正片叠底"，即可制作出镂空字幕效果，如图4-23所示。

图4-23

4.3 智能工具的应用

剪映专业版支持很多智能工具，例如一键美颜美体、一键抠图等，使用这些智能工具可以轻松提升视频质量，也能制作出更多有创意的视频效果。

4.3.1 智能美颜与美体

剪映专业版提供了丰富的美颜、美体工具，通过调整皮肤质量、美白、瘦脸、大眼等来美化人物的外貌，以及通过瘦身、宽肩、长腿、瘦腰等功能来调整人物的身体比例和肌肉线条，使画面中的人物形象更加美观。

在轨道中选择包含人像的视频片段，在功能区中的"画面"面板中打开"美颜美体"选项卡，其中包含所有美颜美体工具，这些工具根据类型被分为美颜、美型、手动瘦脸、美妆以及美体5个功能组，分别如图4-24、图4-25、图4-26、图4-27所示。

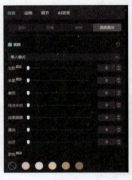
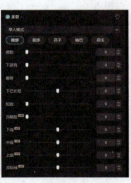

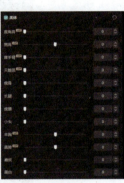

图4-24　　　　　　　图4-25　　　　　　　图4-26　　　　　　　图4-27

知识延伸

不管是为画面调色，还是为人像应用美颜美体功能，都不要过度，否则可能会让画面或视频中的人像看起来不自然，导致失真。

4.3.2 智能抠图

剪映专业版的"色度抠图"功能是一种智能的抠图工具。色度抠图是指通过分析视频画面的颜色信息，根据颜色相似度进行分割和抠图，适合处理背景颜色较为单一或背景颜色与主体颜色差异较大的视频画面，常用于绿幕抠图以及背景替换等。下面将使用色度抠图功能制作透过窗户看外面风景的效果。

实　　例	制作透过窗户看外面风景的效果
素材位置	配套资源＼第4章＼素材＼雪中的柿子树.mp4、绿幕窗户素材.mp4

Step01：在剪映专业版中导入"雪中的柿子树"和"绿幕窗户素材"两段视频素材，并将素材添加到轨道中，调整视频素材的位置，让"绿幕窗户素材"视频在上方轨道中显示；选中上方轨道中的视频素材，在"画面"面板中打开"抠像"选项卡，勾选"色度抠图"复选框，如图4-28所示。

Step02：单击"取色器"按钮，如图4-29所示，将鼠标指针移动到播放器窗口中，在画面中的绿色背景上单击，吸取要去除的颜色，如图4-30所示。

图4-28

图4-29

图4-30

Step03：拖动"强度"滑块，同时观察播放器窗口中的视频画面，根据画面中绿色背景的抠除情况设置"强度"参数值，如图4-31所示。

Step04：抠除背景颜色时可能会出现抠除过度，让不该被抠除的部分也被抠除掉了，此时可以拖动"阴影"滑块，适当增加阴影，填补被过度抠除的部分，使抠图效果更自然，如图4-32所示。

图4-31

图4-32

Step05：预览视频，查看色度抠图的效果，如图4-33所示。

图4-33

4.3.3　实操案例：使用自定义抠像"移花接木"

剪映专业版的自定义抠像功能可以根据画笔的涂抹，自动识别并分割出指定的物体。此外，自定义抠像提供了画笔和擦除工具，无论是人像、物品还是其他图形，只要用画笔工具在其上简单涂抹，就能快速将其抠出。下面将介绍自定义抠像的具体操作方法。

实　　　例	将盛开的荷花移入荷塘
素材位置	配套资源 \ 第4章 \ 素材 \ 荷叶荷花.mp4、荷花.mp4

Step01：将视频素材导入剪映专业版并添加到轨道中，选中视频素材，在"画面"面板中打开"抠像"选项卡，勾选"自定义抠像"复选框，如图4-34所示。

图4-34

Step02：单击"智能画笔"按钮，如图4-35所示；将鼠标指针移动至播放器窗口中，按住鼠标左键并在需要保留的物体上进行涂抹，如图4-36所示。系统会根据涂抹的区域自动识别主体，如图4-37所示。

Step03：在"抠像"选项卡中的"自定义抠像"组中拖动"大小"滑块，调节画笔的大小，如图4-38所示。

Step04：在画面中继续涂抹轮廓较细的部分，停止抠像操作后，剪映会自动对图像进行处理，播放器窗口的左上角会显示自定义抠像处理进度，如图4-39所示。

　　　图4-35　　　　　　图4-36　　　　　　图4-37　　　　　　图4-38　　　　　　图4-39

Step05：自定义抠像处理完成后在"自定义抠像"组中单击"应用效果"按钮，播放器窗口中随即显示抠像结果，如图4-40所示。

Step06：若要应用抠出的图像素材，可以继续向轨道中添加其他视频素材，并将抠出的图像素材置于上方的轨道中，如图4-41所示。

　　　　　　　图4-40　　　　　　　　　　　　　　　　　图4-41

Step07：根据需要调整视频的比例，并对抠出的图像素材进行旋转、裁剪、缩放、移动等操作，让图像融入背景，如图4-42所示。预览视频，查看自定义抠像，效果如图4-43所示。

　　　　　　　图4-42　　　　　　　　　　　　　　　　图4-43

蒙版的应用

　　剪映专业版的蒙版功能可以帮助用户在视频或者图片上实现更加精确的遮罩，从而创造出更加独特的效果。比如，可以在视频上创建一个圆形蒙版，使得视频中的某个区域变得透明，从而实现圆形渐变的效果。下面将对蒙版的类型以及使用方法进行详细介绍。

4.4.1　蒙版的类型

在剪映专业版中，蒙版的类型包括线性、镜面、圆形、矩形、爱心以及星形6种。不同类型的蒙版有不同的作用和功能，用户可以根据自己的需求选择合适的蒙版类型。在功能区中的"画面"面板中打开"蒙版"选项卡，如图4-44所示。

图4-44

4.4.2　蒙版的使用方法

剪映专业版的蒙版可以通过调整大小、位置、形状、透明度等属性来进一步调整视频或者图片的效果，下面将对蒙版的使用方法进行详细介绍。

1. 添加蒙版

添加蒙版的方法非常简单，在剪映专业版中导入两段视频素材，将需要在底层显示的视频素材添加到主轨道，将需要在上层显示并要添加蒙版的视频素材添加到上方轨道，将这两段视频素材裁剪为相同时长，如图4-45所示。

选中上方轨道中的视频片段，在功能区中的"画面"面板中打开"蒙版"选项卡，单击"线性"按钮，所选视频随即被添加相应蒙版，如图4-46所示。

图4-45　　　　　　　　　　　　　　　图4-46

2. 设置蒙版位置、旋转

为视频添加线性蒙版后，在画面上拖曳白色的横线可以扩大或减小蒙版范围，以此来改变蒙版位置，如图4-47所示。

在添加了蒙版的视频画面中按住◌按钮并拖动鼠标可以控制蒙版旋转，如图4-48所示。

图4-47　　　　　　　　　　　　　　　图4-48

3. 设置蒙版羽化

为蒙版设置羽化效果可以让蒙版边缘逐渐模糊淡出，避免突兀的画面转换，使画面过渡更加柔和、自然，从而提升视频的整体质量。

为视频添加蒙版后，在画面中拖动羽化按钮 ⌄ 即可设置羽化效果，如图4-49所示。为视频添加线性蒙版并设置蒙版的位置、旋转以及羽化的最终效果如图4-50所示。

图4-49　　　　　　　　　　　　　　　　　　图4-50

4.4.3　实操案例：为风景图添加动态天空效果

静态图片和动态视频拼接，可以制作出各种创意视频效果，是视频剪辑中常见的技巧。下面将使用一张静态风景图和一个蓝天白云的动态视频进行拼接，让风景图中的天空动起来。

实　　例	为风景图添加动态天空效果
素材位置	配套资源＼第4章＼素材＼山坡.png、蓝天白云.mp4

Step01：在剪映专业版中导入"山坡"图片和"蓝天白云"视频素材，将"山坡"图片添加到主轨道，将"蓝天白云"视频素材添加到上方轨道，如图4-51所示。

Step02：选择上方轨道中的视频片段，在"画面"面板中打开"蒙版"选项卡，单击"线性"按钮，为视频片段添加线性蒙版，如图4-52所示。

图4-51　　　　　　　　　　　　　　　　　　图4-52

Step03：选中主轨道中的图片素材，在播放器窗口中拖动图片素材，将图片素材适当向下移动，如图4-53所示。

图4-53

Step04：选中上方轨道中的视频片段，在播放器窗口中拖动蒙版中的白色横线，将视频画面调整至与下方图片中的山峰位置相接，如图4-54所示。

Step05：向上拖动羽化按钮，适当增加蒙版的羽化，使画面相接处看起来自然，如图4-55所示。

图4-54　　　　　　　　　　　　　　　　图4-55

Step06：制作完成后预览视频，查看为风景图添加动态天空的效果，如图4-56所示。

图4-56

4.5　关键帧的应用

关键帧是指在编辑视频时用来控制动画效果、运动轨迹、音频和音效等参数变化的帧。视频创作者可以在时间轴上为视频、文字、音频、特效等各种素材添加关键帧，使视频看起来更加生动、流畅，更具有视觉冲击力。

4.5.1　为图片添加关键帧制作动态视频效果

为图片添加关键帧可以制作很多有创意的视频效果。下面将介绍如何通过为图片添加关键帧，制作出动态视频的效果。

实　　例	将图片变为动态视频
素材位置	配套资源 \ 第4章 \ 素材 \ 湖水和森林.png

Step01：将图片素材导入剪映专业版，并将图片素材添加到视频轨道中；在视频轨道中拖动图片素材右侧边缘位置，将视频时长设置为10秒，如图4-57所示。

图4-57

　　Step02：将时间轴移动到视频轨道的最左侧，在功能区中的"画面"面板中打开"基础"选项卡，依次单击"缩放"和"位置"参数右侧的关键帧按钮，如图4-58所示。适当增大"缩放"参数值，并移动画面的位置。

　　Step03：将时间轴移动到图片素材的结束位置，在"画面"面板中的"基础"选项卡内为"缩放"和"位置"添加关键帧，并将"缩放"参数值设置为"100%"，将"位置"的X与Y值设置为"0"，如图4-59所示。

| 图4-58 | 图4-59 |

　　Step04：预览视频，查看图片变为动态视频的效果，如图4-60所示。

图4-60

4.5.2　为蒙版添加关键帧制作转场效果

　　为蒙版添加关键帧可以制作出自然的转场效果。下面将使用镜面蒙版制作倾斜开屏的转场效果。

实　　例	制作倾斜开屏转场效果
素材位置	配套资源 \ 第4章 \ 素材 \ 沙滩.mp4、冲浪.mp4

　　Step01：导入"沙滩"和"冲浪"两段视频素材，将"沙滩"视频素材添加到主轨道，将"冲浪"视频素材添加到上方轨道；将"冲浪"视频素材向轨道右侧拖动，从00：00：00：10时间点开始，保持"冲浪"视频素材为选中状态，将时间轴移动到该视频的开始位置，如图4-61所示。

　　Step02：在功能区的"画面"面板中打开"蒙版"选项卡，单击"镜面"按钮，为"冲浪"视频添加相应蒙版，如图4-62所示。

| 图4-61 | 图4-62 |

Step03：在播放器窗口中拖动蒙版上的 ▭ 图标，使"冲浪"视频的画面宽度调整到最小，拖动旋转按钮 ⟳，将蒙版旋转为倾斜显示；随后在"蒙版"选项卡中单击"大小"参数右侧的关键帧按钮，为蒙版的大小添加一个关键帧，如图4-63所示。

Step04：将时间轴移动到00:00:03:00时间点，在"蒙版"选项卡中单击"大小"参数右侧的关键帧按钮，为该时间点的蒙版添加一个关键帧，如图4-64所示。

图4-63　　　　　　　　　　　　　　图4-64

Step05：在播放器窗口中拖动 ▭ 图标，将其拖出画面，使"冲浪"视频画面完全显示，如图4-65所示。

图4-65

Step06：预览视频，查看制作倾斜开屏转场的效果，如图4-66所示。

图4-66

4.5.3　为文字添加关键帧制作滚动字幕效果

为文字添加关键帧可以制作出各种文字动画效果，下面将使用关键帧制作影视剧片尾的滚动字幕效果。

实　　例	制作滚动字幕效果
素材位置	配套资源 \ 第4章 \ 素材 \ 城中湖.mp4

Step01：导入视频素材并将其添加到轨道中；在轨道中添加文本框，修改文字内容，并设置好字体和字号；将文本框的时长调整为与下方轨道中视频的时长相同，如图4-67所示。

Step02：选中文本框，保持时间轴停留在文本框的开始位置，在"文本"面板中的"基础"选项卡中为"位置"添加关键帧，随后在播放器窗口中拖动文本框，调整文本框在画面中的位置，如图4-68所示。

图4-67　　　　　　　　　　　　　　　　　图4-68

Step03：将时间轴移动到文本框的结束位置，在"文本"面板中的"基础"选项卡中再次为"位置"添加关键帧，在播放器窗口中将文本框向上拖动，直至拖出画面，文字滚动效果就做好了，如图4-69所示。

图4-69

Step04：预览视频，查看滚动字幕的效果，如图4-70所示。

图4-70

4.5.4　实操案例：镂空字幕转场

镂空字幕片头是目前比较流行的一种短视频片头形式，下面将使用关键帧为镂空字幕设置转场效果。

实　　例	制作视频由彩色逐渐变黑白的效果	
素材位置	配套资源＼第4章＼素材＼夕阳.mp4、镂空字幕效果.mp4	

Step01：将两段视频素材导入剪映专业版，并将视频素材添加至轨道，将"镂空字幕效果"视频素材拖动到上方轨道；保持上方轨道中的视频素材为选中状态，将时间轴移动到00：00：00：10时间点，单击"分割"按钮，如图4-71所示。

Step02：保持上方轨道中的后半段视频素材为选中状态，在功能区的"画面"面板中打开"蒙版"选项卡，单击"镜面"按钮，为镂空字幕添加镜面蒙版，如图4-72所示。

图4-71　　　　　　　　　　　　　　　　　　图4-72

Step03：单击"反转"按钮，将蒙版反转，如图4-73所示。

Step04：在播放器窗口中拖动白色横线中的███图标，将蒙版宽度调整至最小，如图4-74所示。

Step05：在播放器窗口中拖动◉按钮，将蒙版旋转90°，随后在"蒙版"选项卡中单击"大小"参数右侧的关键帧按钮，如图4-75所示。

Step06：将时间轴移动至00：00：01：10时间点，在"蒙版"选项卡中单击"大小"参数右侧的关键帧按钮，随后在播放器窗口中拖动▮按钮，将蒙版拖出画面，让下方轨道中的视频画面全部显示出来，如图4-76所示。

图4-73　　　　　　　　　　　　　　　　　　图4-74

图4-75　　　　　　　　　　　　　　　　　　图4-76

Step07：预览视频，查看镂空字幕转场效果，如图4-77所示。

图4-77

4.6 案例实战：制作天空之境效果

本章主要对画面色彩的调节、画面透明度调整、混合模式以及多种智能工具的应用进行了详细介绍。下面将综合运用所学知识制作天空之境效果。

素材位置　配套资源 \ 第4章 \ 素材 \ 天空中的云.mp4、背影.mp4

1. 处理天空背景

本案例实战的原始视频素材（天空中的云）为横屏16：9，下面先将视频比例设置为竖屏9：16，再对视频进行裁剪。

Step01：在剪映专业版中导入"天空中的云"和"背影"两段视频素材，先将"天空中的云"视频素材添加到主轨道；保持主轨道中的视频素材为选中状态，单击播放器窗口右下角的"比例"按钮，在展开的菜单中选择"9：16（抖音）"，如图4-78所示。

Step02：视频比例随即被设置为竖版9：16，在时间线窗口中的工具栏中单击"裁剪"按钮，如图4-79所示。

图4-78　　　　　　　　　　　　　　　　　图4-79

Step03：单击"裁剪比例"下拉按钮，选择"9：16"选项，如图4-80所示。
Step04：调整裁剪框的位置及大小，选取保留的画面，单击"确定"按钮，如图4-81所示。

图4-80　　　　　　　　　　　　　　　　　图4-81

Step05：为视频调色，让画面看起来更清爽通透。在功能区中打开"调节"面板，在"基础"选项卡中的"调节"组内，设置色温为"-18"，饱和度为"16"，光感为"8"，如图4-82所示。

图4-82

2. 添加人像

添加"背影"视频后，需要先从视频中抠出人像，再调整人像的大小和位置。下面将使用"智能抠像"工具来抠图。

Step01：将"背影"视频添加到轨道中，调整轨道的位置，使其在主轨道上方，并对两段视频的时长进行裁剪，使总时长为00:00:03:10，如图4-83所示。

Step02：选中上方轨道中的"背影"视频，在"画面"面板中打开"抠像"选项卡，勾选"智能抠像"复选框，如图4-84所示。

图4-83

Step03：智能抠像处理完成后，上方轨道中的视频背景随即被删除，只保留人像，如图4-85所示。

Step04：在播放器窗口中拖动视频边角位置的控制点，放大画面，并拖动画面，调整人像在背景中的位置。视频创作者也可以通过在"画面"面板中的"基础"选项卡内设置"缩放"和"位置"参数，精确调整人像的大小和位置，如图4-86所示。

图4-84

图4-85

图4-86

3. 制作人物倒影

复制人像素材，并执行旋转、镜像、调整透明度等操作，便可制作出人物倒影的效果。具体操作步骤如下。

Step01：在时间线窗口中选择上方轨道中的"背影"视频，按Ctrl+C组合键，随后将时间轴移动到视频的开始位置，按Ctrl+V组合键，复制一份"背影"视频，该视频会自动在最上方轨道中显示，如图4-87所示。

图4-87

Step02：选中最上方轨道中的视频片段，在播放器窗口中拖动 ⊙ 按钮，将人像翻转180°，如图4-88所示。

Step03：在时间线窗口中的工具栏中单击"镜像"按钮，将人像镜像显示，如图4-89所示。

Step04：将镜像的人像拖动到正常站立的人像下方，如图4-90所示。

Step05：保持最上方轨道中的视频为选中状态，在"画面"面板中的"基础"选项卡内，拖动"不透明度"滑块，设置"不透明度"参数为"28%"，制作出人像的倒影效果，如图4-91所示。

Step06：预览视频，查看天空之境效果，如图4-92所示。

图4-88　　　　　　　　　　图4-89　　　　　　　　　　图4-90

图4-91　　　　　　　　　　　图4-92

4.7 知识拓展

Q 视频调色后，如何恢复成初始状态？

A 若要恢复调色前的效果，在功能区的"调节"面板中打开相应选项卡（使用什么方法进行的调色，就打开相应选项卡），单击"重置"按钮即可恢复各项参数的默认值，如图4-93所示。

Q 如何让调色效果叠加？

A 以改变绿色树木的色相，使其变为枯黄色为例。在素材区中的"调节"选项卡内添加"自定义调节"素材，在功能区的"调节"面板中打开"HSL"选项卡，选择绿色，随后将"色相"滑块拖动至最左侧，如图4-94所示。

随后再添加一个"自定义调节"素材，使用HSL调色将绿色的色相设置为最低，使用此方法可以进一步加深树木的枯黄色，如图4-95所示。

图4-93

图4-94

图4-95

第5章

短视频的后期优化

在剪映专业版中使用贴纸、特效、滤镜、转场等功能，可以改变视频的色调、形状，还可以平滑过渡镜头、增添视频趣味性等，从而制作出质量更高的视频。本章将对上述功能的使用方法与技巧进行详细介绍。

5.1 贴纸的应用

贴纸是一种用于增强视频趣味性的工具，主要用于为画面增加各种动态、可爱的装饰元素。

5.1.1 贴纸的使用方法

在视频中添加贴纸以后，可以对贴纸的大小、位置以及角度等进行调整。下面将介绍具体操作方法。

实　　例	使用贴纸美化视频
素材位置	配套资源 \ 第5章 \ 素材 \ 冲浪.mp4

Step01：导入视频素材并将其添加到轨道中；将时间轴移动到需要添加贴纸的时间点，在素材区中打开"贴纸"选项卡，选择"旅行"分组，在需要使用的贴纸右下角单击 按钮，将该贴纸添加到轨道中，如图5-1所示。

图5-1

Step02：在播放器窗口中拖动贴纸四角的圆形控制点，调整贴纸的大小，如图5-2所示。

Step03：将鼠标指针移动到贴纸上，按住鼠标左键将贴纸移动到画面中的合适位置，拖动贴纸下方的 按钮，可以旋转贴纸，如图5-3所示。

图5-2

图5-3

5.1.2 为贴纸设置运动跟踪

为贴纸设置运动跟踪可以让贴纸吸附在指定目标上，并跟着物体的移动而自动移动，从而增加视频的视觉效果和趣味性。下面将介绍如何为贴纸设置运动跟踪。

实　　例	用贴纸遮挡人脸
素材位置	配套资源 \ 第5章 \ 素材 \ 跑步.mp4

Step01：导入视频素材并将其添加到轨道中；在视频中添加熊猫头像贴纸，并调整好贴纸的大小和位置，使贴纸正好可以遮挡住人脸，如图5-4所示。

Step02：在轨道中选中贴纸，在功能区中打开"跟踪"面板，单击"运动跟踪"按钮，此时画面中会显示贴纸的跟踪框；在播放器窗口中拖动跟踪框，将其移动到要跟踪的人脸上方，并且根据需要适当调整跟踪框的大小，设置完成后单击"开始跟踪"按钮，如图5-5所示，剪映随即开始对贴纸的运动轨迹进行处理。

图5-4　　　　　　　　　　　　　　　　　　　图5-5

Step03：贴纸的运动轨迹处理完成后，预览视频，查看贴纸的运动跟踪效果，如图5-6所示。

图5-6

5.1.3　实操案例：营造冬日氛围

剪映专业版的素材库提供了种类丰富的贴纸，每一种贴纸都有自己的特点和用途，用户可以根据需要进行选择。下面将为视频添加冬日类型的贴纸。

实　　例	添加冬日类型贴纸
素材位置	配套资源 \ 第5章 \ 素材 \ 雪中的枫树叶.mp4

Step01：在剪映专业版中导入视频素材并将其添加到轨道中，将时间轴移动到需要添加贴纸的位置，在素材区中打开"贴纸"选项卡，在"贴纸素材"分组中选择"冬日"类型，随后选择一个让自己满意的贴纸，并将其添加至轨道中，如图5-7所示。

Step02：在时间线窗口中设置好贴纸的时长，随后在功能区中调整贴纸的缩放比例，并将贴纸移动到合适的位置，如图5-8所示。

Step03：再次向轨道中添加一个冬日类型的贴纸，设置好贴纸的时长，如图5-9所示。

Step04：设置好贴纸的大小和位置，完成贴纸的添加和设置，如图5-10所示。

图5-7

图5-8

图5-9

图5-10

5.2 特效的应用

剪映专业版为用户提供了海量的特效，使用特效可以让视频更具吸引力和观赏性，也可以为视频增添艺术感和创意效果。

5.2.1 特效的类型

在剪映专业版中的特效分为画面特效和人物特效两大类。在剪映创作界面中打开"特效"选项卡，可以看到左侧导航栏中包含"画面特效"和"人物特效"两个分组按钮。

画面特效主要用来为视频画面增添艺术感和创意效果。单击"画面特效"组，可以展开该分组中包含的所有特效。画面特效的类型包括基础、氛围、动感、DV、复古、Bling、扭曲、爱心、综艺、潮酷、自然、边框等，如图5-11所示。

人物特效可以帮助创作者更好地塑造人物形象、营造氛围、表达情感、增强故事性以及创新表现形式。单击"人物特效"分组，可以查看所有的人物特效。人物特效的类型包括情绪、头饰、身体、克隆、挡脸、装饰、环绕、手部、形象、暗黑等，如图5-12所示。

图5-11

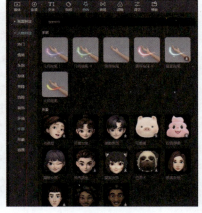

图5-12

5.2.2　特效的使用方法

在"特效"选项卡中选择一个特效,即可使用该特效。添加特效后可以对特效的时长以及开始和结束位置进行调整。下面将为一段秋天树林的视频片段添加落叶特效,以增强萧瑟的氛围。

实　例	添加落叶特效
素材位置	配套资源 \ 第5章 \ 素材 \ 秋天的树林黄叶.mp4

Step01：在剪映专业版的创作界面中导入视频素材并将其添加到轨道中,将时间轴移动到轨道的最左侧；在素材区中打开"特效"选项卡,在"画面特效"分组内选择"自然"选项,单击"落叶"特效右下角的按钮,时间线窗口中随即自动添加该特效的轨道,并在播放器窗口中显示所选特效,如图5-13所示。

Step02：将鼠标指针移动到特效轨道最右侧,当鼠标指针变成双向箭头时按住鼠标左键并拖动,拖动至与视频末尾对齐时松开鼠标左键,如图5-14所示。

图5-13　　　　　　　　　　　　　　图5-14

5.2.3　实操案例：使用特效制作复古胶片效果

在剪映专业版中的特效可以叠加使用,以呈现更佳的视频效果。下面将通过叠加多个特效来制作复古胶片的效果。

实　例	叠加特效制作复古胶片效果
素材位置	配套资源 \ 第5章 \ 素材 \ 阿甘正传电影片段.mp4

Step01：导入视频素材并将其添加到轨道中,将鼠标指针移动到轨道的最左侧；在素材区中打开"特效"选项卡,单击"画面特效"分组,选择"复古"选项,单击"胶片Ⅲ"特效右下角的按钮,添加该特效轨道,如图5-15所示。

Step02：在"画面特效"分组中选择"投影"选项,向轨道中添加"窗格光"特效,如图5-16所示。

图5-15　　　　　　　　　　　　　　图5-16

Step03：在"画面特效"分组中选择"纹理"选项，向轨道中添加"老照片"特效，如图5-17所示。叠加特效时，为了保证视频的最终效果，需要注意每个特效添加的先后顺序。

Step04：在轨道中将鼠标指针移动到任意特效的最右侧，按住鼠标左键并拖动，将结束位置调整为与下方视频片段的结束位置相同，随后使用相同方法调整其余两个特效的时长，如图5-18所示。

图5-17

图5-18

Step05：预览视频，查看复古胶片效果视频的制作效果，如图5-19所示。

图5-19

5.3 滤镜的应用

为了使视频更具高级感，可以在视频中添加滤镜效果。剪映专业版的滤镜库提供了多种风格的滤镜，用户可以直接选择并应用。

5.3.1 滤镜的类型

剪映专业版的滤镜库中包含种类丰富的滤镜，如风景、美食、夜景、风格化、复古胶片、户外、室内、黑白等。这些滤镜保存在素材区中的"滤镜"选项卡内。用户可以通过左侧导航栏中的滤镜分类，快速找到合适的滤镜，如图5-20所示。

5.3.2 滤镜的使用方法

滤镜和特效的使用方法基本相同，将滤镜应用到视频片段上之后，还可以调整滤镜的强度和效果。下面介绍为雪山风景添加滤镜的方法。

图5-20

実　　例　　为雪山风景添加滤镜
素材位置　　配套资源 \ 第5章 \ 素材 \ 雪山.mp4

　　Step01：在剪映专业版中导入视频素材并将其添加到轨道中，将时间轴移动到视频素材的开始位置，打开"滤镜"选项卡，在"滤镜库"分组中选择"影视级"选项，在"自由"滤镜右下角单击⊕按钮，即可将该滤镜添加到轨道中，如图5-21所示。

图5-21

　　Step02：将鼠标指针移动到滤镜的最右侧，按住鼠标左键并拖动，将滤镜的结束位置调整为与下方视频结束位置相同，如图5-22所示。

　　Step03：保持轨道中的滤镜为选中状态，功能区中会自动显示"滤镜"面板，滤镜默认的强度为100%，拖动"强度"滑块可以调整滤镜的强度，如图5-23所示。

图5-22

图5-23

5.3.3　实操案例：制作季节交替特效

　　滤镜和特效是编辑视频时常用的工具。用户可以添加多个滤镜和特效，以增强视频的视觉效果。下面将使用多个特效和滤镜为一个视频片段制作从初秋到深冬季节的自然变换的效果。

実　　例　　从初秋到深冬季节变换效果
素材位置　　配套资源 \ 第5章 \ 素材 \ 森林骑行.mp4

　　Step01：在剪映专业版中导入视频素材并将其添加到轨道中，将时间轴移动到从初秋到深秋季节变换的时间点；打开"特效"选项卡，在"画面特效"分组中选择"基础"选项，单击"变秋天"特效右下角的⊕按钮，向轨道中添加相应特效，如图5-24所示。

　　Step02：将轨道中的"变秋天"特效时长适当延长，选中视频轨道中的视频素材，将时间轴拖动到特效结束位置，在工具栏中单击"分割"按钮，分割视频，如图5-25所示。

图5-24 图5-25

Step03：分割视频后，选中右侧的视频片段，依次按Ctrl+C和Ctrl+V组合键，将该视频片段复制一份，如图5-26所示。

Step04：选中上方轨道中复制的视频片段，在"画面"面板中打开"抠像"选项卡，勾选"智能抠像"复选框，抠出画面中的人物，如图5-27所示。

图5-26 图5-27

Step05：打开"滤镜"选项卡，在"滤镜库"分组中选择"黑白"选项，添加"默片"滤镜，随后调整滤镜结束位置与下方轨道中的视频结束位置相同，如图5-28所示。

Step06：按住Ctrl键，依次单击"默片"滤镜和主轨道中的第二段视频素材，右击所选素材，在弹出的菜单中选择"新建复合片段"选项，如图5-29所示。

图5-28 图5-29

Step07：打开"特效"选项卡，在"画面特效"分组中选择"自然"选项，添加"大雪纷飞"特效，最后调整特效结束位置与视频素材结束位置相同，如图5-30所示。

Step08：预览视频，查看从初秋到深秋再到深冬季节的变换效果，如图5-31所示。

图5-30

图5-31

5.4 添加视频转场效果

　　剪映专业版提供了丰富的转场素材和转场特效，用户可以根据视频的风格，以及拟定的剪辑思路为视频添加转场效果。

5.4.1 使用内置转场效果

　　剪映专业版提供了丰富的转场效果，包括叠化、运镜、模糊、幻灯片、光效、拍摄、扭曲、故障、分割、自然、MG动画、互动emoji、综艺等类型。视频创作者只需通过简单的操作便可以为视频添加各种转场效果。下面将介绍内置转场效果的使用方法。

实　　例	为所有视频设置"渐变擦除"转场
素材位置	配套资源＼第5章＼素材＼转场视频素材（文件夹）

　　Step01：在剪映专业版中导入视频素材，并将视频素材添加到轨道中；将时间轴移动到需要添加转场效果的两段视频素材之间的时间点上，如图5-32所示。

　　Step02：在素材区中打开"转场"选项卡，在"转场效果"分组中单击"叠化"选项，单击"渐变擦除"转场右下角的按钮，两段视频素材之间随即被添加相应转场效果。添加转场效果后，功能区

图5-32

中自动显示"转场"面板，在该面板中拖动"时长"滑块，可以调整转场效果的时长，如图5-33所示。

Step03：在"转场"面板右下角单击"应用全部"按钮，可以将当前转场效果应用到所有视频素材之间，如图5-34所示。

图5-33　　　　　　　　　　　　　　　　　图5-34

5.4.2 用素材片段进行转场

剪映专业版的素材库中提供了很多转场素材，这些转场素材通常自带动画和音效，用户可以在两段视频之间添加剪映专业版内置的转场素材，制作转场效果。下面将介绍剪映专业版内置转场素材的使用方法。

实　　例	添加"白色气体流动效果"转场
素材位置	配套资源 \ 第5章 \ 素材 \ 洗水果.mp4、水果沙拉.mp4

Step01：在剪映专业版中导入"洗水果"和"水果沙拉"两段视频素材，并将视频素材添加到轨道中；打开"媒体"选项卡，单击"素材库"分组，选择"转场"选项，在打开的界面中选择合适的转场素材，单击 按钮，转场素材随即被添加到视频轨道中，如图5-35所示。

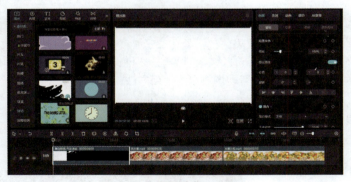

图5-35

Step02：将转场素材拖动到上方轨道中，并调整其位置，使转场动画正好覆盖下方两段视频的连接处，如图5-36所示。

图5-36

Step03：预览视频，查看使用剪映专业版内置转场素材制作的转场效果，如图5-37所示。

图5-37

5.4.3　实操案例：调节透明度以制作自然转场效果

调节视频的透明度可以制作出自然的转场效果。下面将介绍如何通过为透明度参数添加关键帧来制作自然的转场效果。

实　　例	调节透明度以制作自然转场效果
素材位置	配套资源 \ 第5章 \ 素材 \ 雏菊.mp4、草地背景.mp4

Step01：在剪映专业版中导入两段视频素材，并将视频素材添加到轨道中；将"草地背景"视频拖动到上方轨道中，使其从00：00：06：18时间点开始，如图5-38所示。

Step02：保持上方轨道中的视频素材为选中状态，并将时间轴停留在该视频素材的开始位置；在"画面"面板中的"基础"选项卡内单击"不透明度"参数右侧的关键帧按钮，"不透明度"保持默认的"0%"，如图5-39所示。

图5-38

图5-39

Step03：将时间轴移动到下方轨道中视频的结束位置，再次单击"不透明度"参数右侧的关键帧按钮，设置"不透明度"为"100%"，如图5-40所示。

图5-40

Step04：预览视频，查看通过调节视频透明度制作出的转场效果，如图5-41所示。

图5-41

  案例实战：制作绚丽动态星空效果

本章主要介绍了贴纸、特效、滤镜、转场等的应用，下面将综合运用这些知识制作绚丽动态星空效果。

素材位置	配套资源＼第5章＼素材＼天空和山.mp4、星空.mp4、流星.mp4

1. 添加滤镜并设置渐变效果

为视频添加"高饱和"滤镜并利用关键帧设置渐变效果，可以呈现天空从亮逐渐变暗的过程，下面将介绍具体操作方法。

Step01：在剪映专业版中导入"天空和山""星空""流星"3个视频素材，首先将"天空和山"视频素材添加到主轨道中，如图5-42所示。

Step02：在素材区中打开"滤镜"选项卡，在"滤镜库"分组中选择"影视级"选项，向轨道中添"高饱和"滤镜，如图5-43所示。

Step03：在时间线窗口中调整滤镜开始位置和结束位置与下方视频素材相同；选中滤镜，将时间轴移动至滤镜起始时间点，在功能区中的"滤镜"面板中单击"强度"参数右侧的关键帧按钮，设置"强度"值为"0"，如图5-44所示。

图5-42

图5-43

图5-44

Step04：将时间轴移动到00:00:03:09时间点，在"滤镜"面板中单击"强度"参数右侧的关键帧按钮，设置"强度"值为"80"，如图5-45所示。

图5-45

2. 为视频添加蒙版以去除天空部分

运用蒙版可以制作出很多画面特效。下面将使用线性蒙版去除视频中的天空部分，具体操作步骤如下。

Step01：选择主轨道中的视频素材，将时间轴移动到视频素材的起始位置，在功能区的"画面"面板中打开"蒙版"选项卡，单击"线性"按钮，如图5-46所示。

Step02：单击"反转"按钮，反转蒙版，如图5-47所示。

图5-46

图5-47

Step03：单击"位置"和"羽化"参数右侧的关键帧按钮，并设置"位置"的X参数值为"57"，设置Y参数值为"360"，如图5-48所示。

Step04：将时间轴移动到00:00:02:21时间点，在"蒙版"选项卡中单击"位置"和"羽化"参数右侧的关键帧按钮，并设置"位置"的X参数值为"0"、Y参数值为"-40"，设置"羽化"值为"100"，如图5-49所示。

图5-48

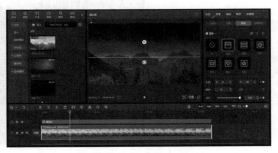

图5-49

3. 添加星空背景

去除原视频的天空部分以后，可以添加星空背景，拼接出夜晚星空的效果。下面将介绍具体操作步骤。

Step01：向轨道中添加"星空"视频素材，并将该视频素材移动到主轨道上方，裁剪视频和调节滤镜，使轨道中所有素材的时长相同；随后选中"星空"视频素材，将时间轴移动到视频起始位置，打开"画面"面板，切换到"蒙版"选项卡，单击"线性"按钮，如图5-50所示。

图5-50

Step02：单击"位置"和"羽化"参数右侧的关键帧按钮，并设置"位置"的X参数值为"0"、Y参数值为"800"，"羽化"值为"62"，如图5-51所示。

图5-51

Step03：将时间轴移动至00:00:02:21时间点，在"蒙版"选项卡中单击"位置"和"羽化"参数右侧的关键帧按钮，并设置"位置"的X参数值为"0"、Y参数值为"105"，如图5-52所示。

图5-52

4. 添加流星背景

接下来添加流星素材，增加流星划过夜空的场景。具体操作步骤如下。

Step01：向轨道中添加"流星"视频素材，并将该视频素材移动至"星空"视频素材所在轨道的上方，设置"流星"视频素材的开始时间点为00:00:03:00，随后裁剪视频时长，使所有素材的结束位置相同，如图5-53所示。

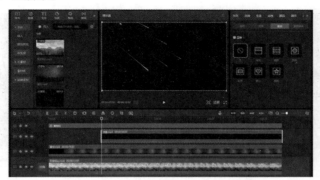

图5-53

Step02：选中"流星"视频素材，打开"画面"面板，在"基础"选项卡中单击"混合模式"下拉按钮，在打开的下拉列表中选择"滤色"选项，如图5-54所示。

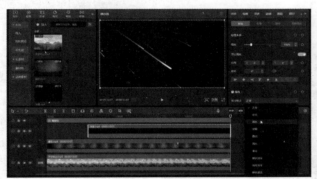

图5-54

Step03：保持"流星"视频素材为选中状态，在"画面"面板中打开"蒙版"选项卡，单击"线性"按钮，设置"羽化"值为"8"，如图5-55所示。

图5-55

5. 添加月亮贴纸

最后可以在剪映专业版的素材库搜索"月亮"贴纸，向夜空中添加一轮明月，具体操作方法如下。

Step01：将时间轴移动到00:00:03:00时间点，打开"贴纸"选项卡，在"贴纸素材"界面中的搜索框中输入"月亮"，按下Enter键，搜索相关类型的贴纸，随后选择一个合适的月亮贴纸，将其添加到轨道中，如图5-56所示。

Step02：将月亮贴纸的结束位置设置为与其他素材的结束位置相同，在播放器窗口中调整好贴纸的大小和位置，打开"动画"面板，在"入场"选项卡中单击"向下滑动"按钮，设置"动画时长"为"5.0s"，如图5-57所示。至此完成视频的制作。

图5-56　　　　　　　　　　　　　　　　　　　图5-57

Step03：预览视频，查看绚丽动态星空效果，如图5-58所示。

图5-58

5.6　知识拓展

Q　如何调整特效的效果？

A　在功能区的"特效"面板中可以对特效的不透明度、滤镜、速度等参数进行调整，如图5-59所示。

图5-59

Q 如何使用AI生成贴纸？

A 在素材区中打开"贴纸"选项卡，在"AI生成"界面的文本框中输入描述文字并设置好参数，单击"立即生成"按钮，如图5-60所示。剪映专业版的AI生成功能随即自动生成一组相应的贴纸，如图5-61所示。

图5-60　　　　　　　　　　　　　图5-61

Q 如何为人物添加热门的红眼特效？

A 在素材区中打开"特效"选项卡，单击"人物特效"组，在打开的界面中找到"拽酷红眼"特效，将其添加至轨道中即可，在功能区中的"特效"面板内可以对特效的各项参数进行设置，如图5-62所示。

图5-62

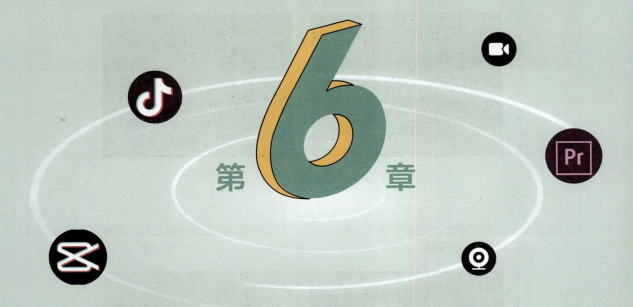

Premiere Pro 2024
剪辑轻松上手

    Premiere Pro 具有强大的视频剪辑功能，常用于短视频制作、影视制作等，该软件支持用户新建或导入视频素材，还支持重新进行组合和剪辑视频素材，以呈现全新的视频效果。本章将对 Premiere Pro 2024 的剪辑操作进行介绍。

6.1 Premiere Pro 2024软件入门

Premiere Pro 2024是短视频制作中的一款专业的视频编辑软件，具备剪辑、转场、调色、添加字幕、特效制作、音频处理等多种功能，能满足短视频制作的不同需要。

6.1.1 Premiere Pro 2024功能简介

Premiere Pro 2024提供了一个高度灵活和可扩展的工作环境，可以帮助短视频创作者完成从原始素材采集到最后成片发布的整个过程，现主要应用于电影后期制作、电视节目后期制作、广告制作、网络短视频制作、预告片制作等多个领域。图6-1所示为Premiere Pro 2024调色效果对比。

图6-1

6.1.2 Premiere Pro 2024工作界面

Premiere Pro 2024工作界面包括多个工作区，不同工作区的面板也有所不同。图6-2所示为"效果"工作区的工作界面。

①—标题栏；②—菜单栏；③—效果控件、Lumetri范围、"源"监视器面板、音轨混合器面板组；④—项目、媒体浏览器面板组；⑤—"工具"面板；⑥—"时间轴"面板；⑦—音频仪表；⑧—效果、基本图形、基本声音、Lumetri颜色、库等面板组；⑨—"节目"监视器面板。

图6-2

6.1.3 自定义工作区

Premiere Pro 2024支持用户自定义工作区，以满足不同用户的需要，下面将对自定义工作区的设置进行介绍。

1. 调整面板大小

将鼠标指针置于多个面板交界处，待鼠标指针变为 ⊕ 形状时按住鼠标左键并拖动即可改变面板大小。若将鼠标指针置于相邻面板之间的隔条处，待鼠标指针变为 ⊕ 形状时按住鼠标左键并拖动即可改变相邻面板的大小。

2. 浮动面板

单击面板右上角的"菜单"按钮，在弹出的快捷菜单中选择"浮动面板"命令即可。用户也可以移动鼠标指针至面板名称处，按住Ctrl键拖动使其浮动显示。将鼠标指针置于浮动面板名称处，按住鼠标左键并拖曳至面板、组或窗口的边缘可固定浮动面板。

6.1.4 首选项设置

在"首选项"对话框中可以自定义Premiere Pro 2024的外观和行为，使其满足视频制作需要。执行"编辑>首选项>常规"命令，即可打开"首选项"对话框，如图6-3所示。

图6-3

"首选项"对话框中的部分选项卡作用如下。

- 常规：用于设置软件常规选项，包括启动时显示的内容、素材箱、项目等。
- 外观：用于设置软件工作界面亮度。
- 自动保存：用于设置自动保存，包括是否自动保存、自动保存时间间隔等。
- 操纵面板：用于设置硬件控制设备。
- 图形：用于设置文本图层相关参数。
- 标签：用于设置标签颜色及默认值。
- 媒体：用于设置媒体素材参数，包括时间码、帧数等。

6.2 文档基本操作

短视频编辑过程中，往往会用到大量素材，这些素材一般都保存在文档中以便随时调用，下面将对文档的基本操作进行介绍。

6.2.1　文档的管理

使用Premiere Pro 2024剪辑视频的第一步是创建项目，项目中存储着与序列和资源有关的信息。序列可以统一视频中用到的多个素材尺寸，保证输出视频的尺寸与质量。

1. 新建项目文件

在Premiere Pro 2024中，主要有以下两种方式来新建项目。

● 打开Premiere Pro 2024，在"主页"面板中单击"新建项目"按钮。

● 执行"文件 > 新建 > 项目"命令或按Ctrl+Alt+N组合键。

使用这两种方式，都将切换至"导入"面板，如图6-4所示。在该面板中设置项目参数后，单击"创建"按钮即可按照设置新建项目。新建项目后，执行"文件 > 新建 > 序列"命令或按Ctrl+N组合键，打开图6-5所示的"新建序列"对话框，在该对话框中设置参数后单击"确定"按钮即可新建序列。

图6-4　　　　　　　　　　　　　　　　　　图6-5

在"新建序列"对话框中的"序列预设"选项卡中，用户可以根据视频的输出要求选择或自定义合适的序列，若没有特殊要求，可以根据视频素材的格式进行选择。

提示

　　新建项目后，用户也可以直接拖曳视频素材至"时间轴"面板中新建序列，新建的序列与该视频素材参数一致。一个项目文件中可以包括多个序列，每个序列可以采用不同的设置。

2. 打开项目文件

用户可以随时打开保存的项目文件，进行编辑或修改。执行"文件 > 打开项目"命令，打开"打开项目"对话框，选中要打开的项目文件后单击"打开"按钮，如图6-6所示。用户也可以在文件夹中找到要打开的项目文件，双击将其打开。

3. 保存项目文件

在剪辑视频的过程中，要及时地对项目文件进行保存，以避免错误操作或软件故障导致的文件丢失等问题。执行"文件 > 保存"命令或按Ctrl+S组合键，可以按新建项目时设置的文件名称及存储位置保存文件。若想重新设置文件的名称、存储位置等，可以执行"文件 > 另存为"命令或按Ctrl+Shift+S组合键，打开"保存项目"对话框并进行设置，如图6-7所示。

4. 关闭项目文件

使用完项目文件后，若想关闭当前项目，可执行"文件 > 关闭项目"命令或按Ctrl+Shift+W组合键。若要关闭所有项目文件，可执行"文件 > 关闭所有项目"命令。

图6-6　　　　　　　　　　　　　　　　图6-7

6.2.2　新建素材

素材是编辑视频的基础。剪辑视频时，除了导入素材外，还可以在软件中新建素材。单击"项目"面板中的"新建项"按钮，在弹出图6-8所示的快捷菜单中选择相应的选项，即可完成新建素材。

下面对部分常用的新建选项进行介绍。

● 调整图层：调整图层是一个透明的图层，可以影响图层堆叠顺序中位于其下的所有图层。用户可以通过调整图层，将同一效果应用至时间轴上的多个序列上。

● 彩条：正确反映各种颜色的亮度、色调和饱和度，帮助用户检验视频通道传输质量。

图6-8

● 黑场视频：帮助用户制作转场效果，使素材间的切换没有那么突兀；也可以制作黑色背景。

● 颜色遮罩：创建纯色的颜色遮罩素材。创建颜色遮罩素材后，在"项目"面板中双击该素材，可以在弹出的"拾色器"对话框中修改素材颜色。

● 通用倒计时片头：制作常规的倒计时效果。

● 透明视频：类似"黑场视频""彩条""颜色遮罩"的合成剪辑。透明视频可以生成自定义的图像并保留透明度的效果。

> **提示**
>
> 新建的素材都将出现在"项目"面板中，将其拖曳至"时间轴"面板中即可应用。

6.2.3　导入和管理素材

创建项目文件后，就可以在Premiere Pro 2024中导入或新建素材。Premiere Pro 2024不仅支持导入、新建素材，还支持用户整理、编辑"项目"面板中的素材，以便后期检索、制作或多位创作者协同工作。

1. 素材的导入

Premiere Pro 2024可以导入多种类型和文件格式的素材，如视频、音频、图像等。导入素材的常用方式有以下3种。

● 使用"导入"命令：执行"文件 > 导入"命令或按Ctrl+I组合键，打开"导入"对话框，如图6-9所示，在该对话框中选择要导入的素材，单击"打开"按钮即可。

图6-9

● 使用"媒体浏览器"面板：在"媒体浏览器"面板中找到要导入的素材文件，右击该文件，在弹出的快捷菜单中执行"导入"命令即可。图6-10所示为"媒体浏览器"面板。

● 直接拖入素材：直接将素材拖曳至"项目"面板或"时间轴"面板中，可以导入素材。

图6-10

2. 素材的管理

当"项目"面板中存在过多素材时，为了更好地分辨与使用素材，可以对素材进行整理，如将其分组、重命名等。

（1）新建素材箱

素材箱可以归类整理素材，使素材更加有序，也便于用户查找素材。单击"项目"面板下方工具栏中的"新建素材箱"按钮 ，即可在"项目"面板中新建素材箱。此时，素材箱名称处于可编辑状态，用户可以设置素材箱名称，如图6-11所示。

新建素材箱后，选择"项目"面板中的素材，将其拖曳至素材箱中即可归类素材。双击素材箱可以打开"素材箱"面板查看素材，如图6-12所示。

图6-11　　　　　　　　　　　　　　　　　图6-12

（2）重命名素材

重命名素材可以更准确地识别素材，方便用户使用。用户可以重命名"项目"面板中的素材，也可以重命名"时间轴"面板中的素材。

● 重命名"项目"面板中的素材：选中"项目"面板中要重命名的素材，执行"剪辑 > 重命名"命令或单击素材名称，输入新的名称后按Enter键即可。

● 重命名"时间轴"面板中的素材：若想在"时间轴"面板中修改素材名称，可以选中素材后执行"剪辑 > 重命名"命令或单击鼠标右键，在弹出的快捷菜单中执行"重命名"命令，在打开的"重命名剪辑"对话框中设置"剪辑名称"，然后单击"确定"按钮即可，如图6-13所示。

图6-13

（3）替换素材

"替换素材"命令可以在替换素材的同时保留添加的效果，从而减少重复工作。选择"项目"面板中要替换的素材并单击鼠标右键，在弹出的快捷菜单中执行"替换素材"命令，打开"替换素材"对话框并选择新的素材文件，然后单击"确定"按钮。

（4）编组素材

用户可以将"时间轴"面板中的素材编组，以便于对多个素材进行相同的操作。

在"时间轴"面板中选中要编组的多个素材，单击鼠标右键，在弹出的快捷菜单中执行"编组"命令，即可将素材编组。编组后的素材可以同时被选中、移动、添加效果等，如图6-14、图6-15所示。

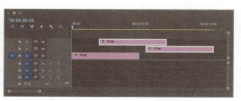

图6-14　　　　　　　　　　　　　　　　　图6-15

若想取消编组，可以选中编组素材后单击鼠标右键，在弹出的快捷菜单中执行"取消编组"命令。取消素材编组不会影响已添加的效果。

> **提示**
>
> 按住Alt键并在"时间轴"面板中单击编组后的素材可以选中多个素材进行设置。

（5）嵌套素材

编组和嵌套素材都可以同时操作多个素材。不同的是，编组素材是可逆的，编组只是将素材组合为一个整体来进行操作；而嵌套素材是将多个素材或单个素材合成为一个序列来进行操作，该操作是不可逆的。

在"时间轴"面板中选中要嵌套的素材并单击鼠标右键，在弹出的快捷菜单中执行"嵌套"命令，打开"嵌套序列名称"对话框，设置名称，然后单击"确定"按钮，效果如图6-16所示。嵌套序列在"时间轴"面板中呈绿色。用户可以双击嵌套序列进入其内部调整素材，如图6-17所示。

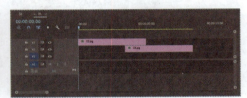

图6-16　　　　　　　　　　　　　　　　图6-17

（6）链接媒体

Premiere Pro 2024中用到的素材都以链接的形式存放在"项目"面板中，当移动素材或删除素材时，可能会导致项目文件中的素材丢失，而"链接媒体"命令可以重新链接丢失的素材，使其正常显示。

在"项目"面板中选中脱机素材，单击鼠标右键，在弹出的快捷菜单中执行"链接媒体"命令，打开如图6-18所示的"链接媒体"对话框，在该对话框中单击"查找"按钮，打开查找文件的对话框，如图6-19所示。选中要链接的素材文件，单击"确定"按钮即可重新链接素材。

图6-18　　　　　　　　　　　　　　　　图6-19

（7）打包素材

打包素材可以将当前项目中使用的素材打包存储，方便文件移动后的再次操作。使用Premiere Pro 2024完成视频制作后，执行"文件 > 项目管理"命令，打开"项目管理器"对话框，在该对话框中进行参数设置后单击"确定"按钮即可。

6.2.4　渲染和输出

在使用Premiere Pro 2024处理完素材后，可以根据需要将其渲染、输出，便于后续的观看和存储。用户可以选择将素材输出为多种格式，包括常见的视频格式、音频格式、图像格式等，不同格式的素材适用于不同的使用需求。

1. 渲染预览

渲染预览可以将编辑好的内容进行预处理，从而缓解播放时卡顿的问题。选中要进行渲染的时间段，执行"序列 > 渲染入点到出点的效果"命令或按Enter键即可。渲染后红色的时间段变为绿色。图6-20所示为"时间轴"面板中渲染与未渲染的时间轴对比。

图6-20

2. 输出设置

预处理后就可以输出影片。在Premiere Pro 2024中，用户可以通过以下两种方式输出影片。

- 执行"文件 > 导出 > 媒体"命令或按Ctrl+M组合键。
- 切换至"导出"选项卡。

这两种方式均可打开如图6-21所示的"导出"面板，设置音视频参数后单击"导出"按钮，即可根据设置输出影片。

图6-21

"导出"面板中部分下拉栏选项的作用如下。

- "设置"下拉栏选项：用于设置输出影片的相关选项，包括文件名、位置、格式及具体的音视频设置等。
- "预览"下拉栏选项：用于预览处理后的效果。

6.2.5　实操案例：制作动态缩放短视频

在Premiere Pro 2024中导入并应用素材，可以使静态的图像动起来。下面将通过建立项目、导入素材、编辑素材、生成影片等操作制作动态缩放短视频。

实　　例	制作动态缩放短视频
素材位置	配套资源\第6章\实操案例\素材\郁金香.jpg

Step01：打开Premiere Pro 2024，执行"文件 > 新建 > 项目"命令，打开"导入"面板，在该面板中更改项目名和项目位置，如图6-22所示，完成后单击"创建"按钮。

Step02：执行"文件 > 导入"命令，打开"导入"对话框，在该对话框中选择"郁金香.jpg"素材，然后单击"打开"按钮，如图6-23所示。

图6-22　　　　　　　　　　　　　　　　　图6-23

Step03：将"项目"面板中的素材拖曳至"时间轴"面板中，Premiere Pro 2024将根据素材自动创建序列，如图6-24所示。

Step04：选中"时间轴"面板中的素材，在"效果控件"面板中单击"位置"和"缩放"参数左侧的"切换动画"按钮添加关键帧，如图6-25所示。

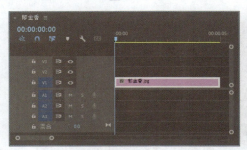

图6-24　　　　　　　　　　　　　　　　　图6-25

Step05：移动播放指示器至00:00:04:24处，更改"位置"和"缩放"参数，Premiere Pro 2024将自动添加关键帧，如图6-26所示。

此时"节目"监视器面板中的效果如图6-27所示。

图6-26　　　　　　　　　　　　　　　　　图6-27

Step06：按Enter键渲染预览，效果如图6-28所示。

Step07：执行"文件 > 导出 > 媒体"命令，打开"导出"面板，设置"格式"为"H.264"，将"设置"选项卡中的"比特率编码"设置为"VBR，2次"，如图6-29所示。单击"导出"按钮，即可导出一条时长为5秒的短视频。

图6-28

图6-29

至此，动态缩放短视频制作完成。

6.3 素材剪辑操作

剪辑操作决定着视频的最终呈现效果，是视频制作过程中的重要步骤。下面将对素材剪辑的相关操作进行介绍。

6.3.1 剪辑工具

通过剪辑，可以融合不同的素材，制作出具有创意的视觉效果，这一操作离不开剪辑工具的应用。图6-30所示为Premiere Pro 2024中"工具"面板提供的剪辑工具。下面将针对这些剪辑工具进行介绍。

图6-30

1. 选择工具

使用"选择工具" ▶ 可以在"时间轴"面板的轨道中选中素材并进行调整。按住Shift键并单击素材可以加选素材。

2. 选择轨道工具

选择轨道工具包括"向前选择轨道工具" ➡ 和"向后选择轨道工具" ⬅ 两种。使用选择轨道工具可以选中当前位置箭头方向一侧的所有素材。

3. 波纹编辑工具

使用"波纹编辑工具" ⬌ 可以改变"时间轴"面板中素材的出点或入点，还可以保持相邻素材间不出现间隙。选择"波纹编辑工具" ⬌ ，将鼠标指针移动至两个相邻素材之间，当鼠标指针变为 ▐ 形状或 ▌ 形状时，按住鼠标左键并拖动即可修改素材的出点或入点，相邻的素材会自动补位上前，如图6-31、图6-32所示。

图6-31

图6-32

4. 滚动编辑工具

"滚动编辑工具"▦可以改变一个素材的入点和与之相邻素材的出点，且保持影片总长度不变。选择"滚动编辑工具"▦，将鼠标指针移动至两个相邻素材之间，当鼠标指针变为▦形状时，按住鼠标左键并拖动即可。

> **提示**
>
> 向右拖动时，前一段素材的出点后需有余量以供调节；向左拖动时，后一段素材的入点前需有余量以供调节。

5. 比率拉伸工具

"比率拉伸工具"▦可以改变素材的播放速度和持续时间，但保持素材的出点和入点不变。选中"比率拉伸工具"▦，移动鼠标指针至"时间轴"面板中某段素材的开始或结尾处，当鼠标指针变为▦形状时，按住鼠标左键并拖动即可。

> **提示**
>
> 使用"比率拉伸工具"▦缩短素材时长时，素材播放速度加快；延长素材时长时，素材播放速度变慢。

用户可以通过"剪辑速度/持续时间"对话框更加精准地设置素材的播放速度和持续时间。在"时间轴"面板中选中要调整播放速度的素材片段，单击鼠标右键，在弹出的快捷菜单中执行"速度/持续时间"命令，打开如图6-33所示的"剪辑速度/持续时间"对话框，在该对话框中设置参数后单击"确定"按钮即可。"剪辑速度/持续时间"对话框中各选项的作用如下。

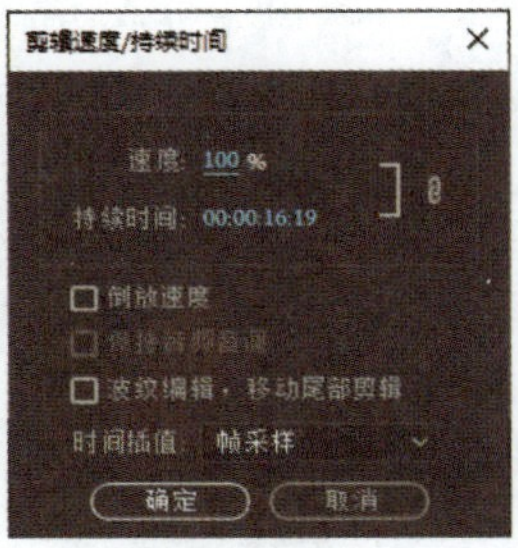

- 速度：用于调整素材播放速度。该值大于100%为加速播放，小于100%为减速播放，等于100%为正常速度播放。
- 持续时间：用于设置素材的持续时间。
- 倒放速度：勾选该复选框后，素材将反向播放。
- 保持音频音调：改变音频素材的持续时间时，勾选该复选框可保持音频音调不变。
- 波纹编辑，移动尾部剪辑：勾选该复选框，素材播放加速导致的缝隙将被自动填补。
- 时间插值：用于设置调整素材播放速度后如何填补空缺帧，包括帧采样、帧混合和光流法3个选项。其中，帧采样可根据需要重复或删除帧，以达到所需的播放速度；帧混合可根据需要重复帧并混合帧，以辅助提升动作的流畅性；光流法是指Premiere Pro 2024通过分析上下帧生成新的帧，在效果上更加流畅、美观。

图6-33

6. 剃刀工具

"剃刀工具"▦可以将一个素材剪切为两个或多个素材片段，从而方便用户分别进行编辑。选中"剃刀工具"▦，在"时间轴"面板中单击要剪切的素材，即可在单击位置将素材剪切为两段，如图6-34、图6-35所示。

图6-34

图6-35

若想在当前位置剪切多个轨道中的素材，按住Shift键单击即可。

7. 内滑和外滑工具

内滑和外滑工具都可用于调整时间轴中素材的剪辑顺序与时长，其中"内滑工具" ⊡ 可以将"时间轴"面板中的某个素材向左或向右移动，同时改变其前一相邻素材的出点和后一相邻素材的入点，3个素材的总持续时间及在"时间轴"面板中的位置保持不变。而"外滑工具" ⊞ 可以同时更改"时间轴"面板中某个素材的入点和出点，并保持素材时长不变，相邻素材的出入点及时长也不变。

> **提示**
>
> 使用"外滑工具" ⊞ 时，在时间轨中，入点前和出点后需有时间余量供调节使用。

6.3.2　素材剪辑

除了使用工具剪辑素材外，用户还可以在监视器面板或"时间轴"面板中对素材进行调整，以得到需要的素材片段。

1. 在监视器面板中剪辑素材

Premiere Pro 2024中包括两种监视器面板："源"监视器面板和"节目"监视器面板。这两种监视器面板的作用分别如下。

（1）"节目"监视器面板

"节目"监视器面板可以预览"时间轴"面板中素材播放的效果，方便用户进行检查和修改。图6-36所示为"节目"监视器面板。

图6-36

该面板中部分选项的作用介绍如下。

● 选择缩放级别 适合▾：用于选择合适的缩放级别来放大或缩小视图，以适用监视器的可用查看区域。

● 设置▾：单击该按钮，可在弹出的快捷菜单中设置分辨率、参考线等。

● 添加标记▾：单击该按钮（或按M键），将在当前位置添加一个标记。标记可以提供简单的视觉参考。

● 提升▾：单击该按钮，将删除目标轨道（蓝色高亮轨道）中出入点之间的素材，对其前后素材以及其他轨道上的素材的位置都不会产生影响，如图6-37、图6-38所示。

图6-37

图6-38

● 提取▾：单击该按钮，将删除"时间轴"中位于出入点之间的所有轨道中的素材，并将后方素材前移，如图6-39、图6-40所示。

图6-39

图6-40

● 导出帧📷：用于将当前帧导出为静态图像。

（2）"源"监视器面板

"源"监视器面板和"节目"监视器面板非常相似，只是在功能上有所不同。"源"监视器面板可以播放各个素材，还可以对"项目"面板中的素材进行设置。在"项目"面板中双击要编辑的素材，将在"源"监视器面板中打开该素材，如图6-41所示。

该面板中部分选项的作用介绍如下。

● 仅拖动视频🎞：按住该按钮并拖曳至"时间轴"面板的轨道中，可将需要调整的素材的视频部分放置在"时间轴"面板中。

● 仅拖动音频🎵：按住该按钮将其拖曳至"时间轴"面板的轨道中，可将需要调整的素材的音频部分放置在"时间轴"面板中。

图6-41

● 插入🎬：单击该按钮，当前选中的素材将被插入标记后原素材中间，如图6-42所示。

● 覆盖🎬：单击该按钮，插入的素材将覆盖标记后的原素材，如图6-43所示。

图6-42

图6-43

2. 在"时间轴"面板中编辑素材

在"时间轴"面板中，选中要编辑的素材并右击，在弹出的快捷菜单中选择相应的命令可以实现对素材的调整操作。常见编辑素材的操作方法介绍如下。

（1）帧定格

帧定格可以将素材中的某一帧静止，该帧之后的帧均以静帧的方式显示。用户可以执行"添加帧定格"命令或"插入帧定格分段"命令实现帧定格。

● 添加帧定格：该命令可以冻结当前帧，类似于将当前帧作为静止图像导入。在"时间轴"面板中选中要添加帧定格的素材，移动播放指示器至要冻结的帧，单击鼠标右键，在弹出的快捷菜单中执行"添加帧定格"命令即可。帧定格部分在名称或颜色上没有任何变化。

● 插入帧定格分段：该命令可以在当前播放指示器位置将素材拆分，并插入一个时长为2秒（默认时长）的冻结帧。在"时间轴"面板中选中要添加帧定格的素材，移动播放指示器至插入帧定格分段的帧，单击鼠标右键，在弹出的快捷菜单中执行"插入帧定格分段"命令即可。

（2）复制、粘贴素材

在"时间轴"面板中，若想复制现有的素材，可以通过快捷键或相应的命令来实现。选中要复制的素材，按Ctrl+C组合键复制，移动播放指示器至要粘贴素材的位置，按Ctrl+V组合键粘贴即可。此时播放指示器后面的素材将被覆盖，如图6-44、图6-45所示。

图6-44

图6-45

（3）删除素材

使用"清除"命令或"波纹删除"命令均可以删除素材，这两种方式的区别如下。

●"清除"命令：使用该命令删除素材后，轨道中会留下该素材的空位。选中要删除的素材文件，执行"编辑 > 清除"命令或按Delete键，即可删除素材，如图6-46所示。

●"波纹删除"命令：使用该命令删除素材后，后面的素材会自动补位。选中要删除的素材文件，执行"编辑 > 波纹删除"命令或按Shift+Delete组合键，即可删除素材并使后一段素材自动前移，如图6-47所示。

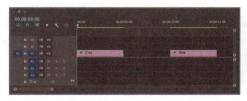

图6-46　　　　　　　　　　　　　　图6-47

（4）分离、链接音视频素材

在"时间轴"面板中编辑素材时，部分素材带有音频信息，若想单独对音频信息或视频信息进行编辑，可以选择将其分离。选中要解除链接的音视频素材，单击鼠标右键，在弹出的快捷菜单中执行"取消链接"命令即可。

分离后的音视频素材可以重新链接。若想重新链接音视频素材，选中素材后单击鼠标右键，在弹出的快捷菜单中执行"链接"命令即可。

6.3.3　实操案例：制作即时拍照短视频

拍照可以留住瞬时的美好，在制作短视频时，用户可以通过模拟拍照效果记录精彩画面。下面将运用帧定格等知识，介绍即时拍照短视频的制作方法。

实　　例	制作即时拍照短视频
素材位置	配套资源 \ 第6章 \ 实操案例 \ 素材 \ 冰球.mp4、快门.wav

Step01：新建项目和序列，并导入素材文件"冰球.mp4"和"快门.wav"，如图6-48所示。

Step02：选择"冰球.mp4"素材，将其拖曳至"时间轴"面板中的V1轨道中，在弹出的"剪辑不匹配警告"对话框中单击"保持现有设置"按钮，效果如图6-49所示。

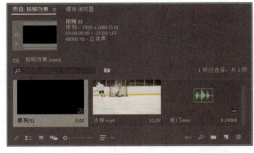

图6-48　　　　　　　　　　　　　　图6-49

Step03：移动播放指示器至00:00:04:24处，使用"剃刀工具" 在播放指示器处单击，剪切素材，并删除右侧素材，效果如图6-50所示。

Step04：选择"时间轴"面板中的素材，单击鼠标右键，在弹出的快捷菜单中执行"缩放为帧大小"命令，调整素材帧大小，效果如图6-51所示。

图6-50   图6-51

Step05：在"时间轴"面板中移动播放指示器至00:00:02:02处，单击鼠标右键，在弹出的快捷菜单中执行"添加帧定格"命令，将当前帧作为静止图像导入，如图6-52所示。

Step06：选中V1轨道中的第2段素材，按住Alt键并向上拖曳，复制该素材，如图6-53所示。

图6-52   图6-53

Step07：在"效果"面板中搜索"高斯模糊"视频效果，将其拖曳至V1轨道中的第2段素材上，在"效果控件"面板中设置"模糊度"为"60.0"，并勾选"重复边缘像素"复选框，如图6-54所示；隐藏V3轨道中的素材，在"节目"监视器面板中预览效果，如图6-55所示。

图6-54   图6-55

Step08：打开"基本图形"面板，在"编辑"选项卡中单击"新建图层"按钮，在弹出的快捷菜单中执行"矩形"命令，新建矩形图层，在"基本图形"面板中设置矩形参数，如图6-56所示；在"节目"监视器面板中设置缩放级别为"25%"，调整矩形大小，如图6-57所示。

Step09：在"节目"监视器面板中设置缩放级别为"适合"，在"时间轴"面板中使用"选择工具"在V2轨道中的素材末端拖曳，调整其持续时间，如图6-58所示。

图6-56   图6-57

Step10：选中V2轨道中的素材，移动播放指示器至00:00:02:02处，在"效果控件"面板中单击"缩放"参数和"旋转"参数左侧的"切换动画"按钮，添加关键帧。移动播放指示器至00:00:02:15处，调整"缩放"参数和"旋转"参数，Premiere Pro 2024将自动添加关键帧，如图6-59所示。

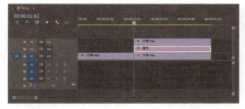
图6-58

图6-59

Step11：选中V3轨道中的素材，移动播放指示器至00:00:02:02处，在"效果控件"面板中单击"缩放"参数和"旋转"参数左侧的"切换动画"按钮，添加关键帧。移动播放指示器至00:00:02:15处，调整"缩放"参数和"旋转"参数，Premiere Pro 2024将自动添加关键帧，如图6-60所示。此时，"节目"监视器面板中的素材效果如图6-61所示。

图6-60

图6-61

Step12：移动播放指示器至00:00:02:02处，将"快门.wav"素材拖曳至A1轨道中，如图6-62所示。至此，完成即时拍照短视频的制作。

Step13：移动播放指示器至初始位置，按空格键即可观看效果，如图6-63所示。

图6-62

图6-63

短视频字幕设计

文本是短视频中的常见元素，无论是标题、字幕，还是背景说明，都离不开文本。本节将对Premiere Pro 2024中字幕的创建及编辑进行讲解。

6.4.1　创建文本

创建文本的常用方式包括文字工具和"基本图形"面板两种，具体操作如下。

1. 文字工具

"工具"面板中的"文字工具" T 和"垂直文字工具" IT 可直接创建文本。选择任意文字工具，在"节目"监视器面板中单击并输入文字即可。图6-64所示为使用"垂直文字工具" IT 创建并调整的文字效果。输入文字后"时间轴"面板中将自动出现持续时间为5秒的文字素材，如图6-65所示。

图6-64

图6-65

> **提示**
>
> 　　选择文字工具后，在"节目"监视器面板中拖曳鼠标指针绘制文本框，可创建区域文字，用户可以通过调整文本框的大小来调整区域文字的可见内容，且不影响区域文字的大小。

2. "基本图形"面板

"基本图形"面板支持创建文本、图形等内容。执行"窗口>基本图形"命令打开"基本图形"面板，选择"编辑"选项卡，单击"新建图层"按钮，在弹出的快捷菜单中执行"文本"命令或按Ctrl+T组合键，"节目"监视器面板中将出现默认的文字，如图6-66所示，双击该文字可进入编辑模式对其内容进行更改。

选中文本素材，使用文字工具在"节目"监视器面板中输入文字，输入的文本将和原文本在同一素材中，此时"基本图形"面板中将新增一个文字图层，用户可以选择单个或多个文字图层进行操作，如图6-67所示。

图6-66

图6-67

6.4.2 编辑和调整文本

根据不同的用途，在创建文本后，可以对其进行编辑、美化，使其达到更佳的展示效果。本小节将对短视频制作中文本的调整与编辑进行介绍。

1. "效果控件"面板

"效果控件"面板主要用于对"时间轴"面板中的素材的各项参数进行设置，同理用户可以在"效果控件"面板中对文本素材的参数进行设置。图6-68所示为选中文本素材时的"效果控件"面板。其中部分选项区域的作用如下。

（1）源文本：选中"时间轴"面板中的文字素材，在"效果控件"面板中可以设置文字字体、大小、字间距、行距等基础属性。

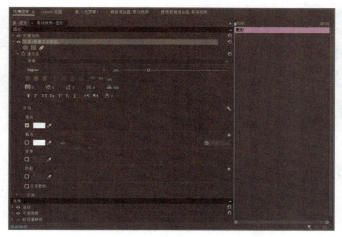

图6-68

（2）外观："效果控件"面板中可以设置文本的外观属性，包括填充、描边、背景、阴影、文字蒙版等。

（3）变换：选中文本素材，在"效果"面板中的"矢量运动"效果中可以对文本素材整体的位置、缩放等进行调整，若文本素材中存在多个文本或图形，可在相应文本或图形的"变换"参数中分别进行设置。

2."基本图形"面板

"基本图形"面板中的选项与"效果控件"面板基本一致，用户同样可以在该面板中对短视频中的文字进行编辑、美化。图6-69所示为"基本图形"面板。

下面将对"基本图形"面板与"效果控件"面板文本设置部分的不同之处进行说明。

● 对齐并变换："基本图形"面板中支持设置文字与画面对齐。其中垂直居中对齐按钮■和水平居中对齐按钮■可设置文本与画面居中对齐。在仅选中一个文字图层的情况下，其余对齐按钮可设置文本与画面对齐；在选中多个文字图层的情况下，其余对齐按钮可设置文本对齐。

● 响应式设计–位置："响应式设计–位置"用于将当前图层响应至其他图层，并随着其他图层变换而变换，其可以使图层自动适应视频帧的变化。如图6-70所示，在文字图层下方新建矩形图层，选中矩形图层，将其固定到文字图层，更改文字时"节目"监视器面板中的矩形也会随之变化。

图6-69

● 响应式设计–时间："响应式设计–时间"基于图形，在未选中图层的情况下，将出现在"基本图形"面板底部，如图6-71所示。"响应式设计–时间"可以保留开场和结尾关键帧的图形片段，以保证在改变素材持续时间时不影响开场和结尾片段。在修剪图形的出点和入点时，也会保护开场和结尾时间范围内的关键帧，同时对中间区域的关键帧进行拉伸或压缩，以适应改变后的持续时间。用户还可以通过勾选"滚动"复选框，制作滚动文字效果。

图6-70　　　　　　　　　　　　　　　　　　图6-71

6.4.3　实操案例：制作文字打字机短视频

打字机动态特效在短视频中较为常见，下面将结合文字工具、关键帧等介绍文字打字机短视频的制作步骤。

实　　例	制作文字打字机短视频
素材位置	配套资源 \ 第6章 \ 实操案例 \ 素材 \ 打字.mov、打字.mp3

Step01：打开Premiere Pro 2024，新建项目和序列；按Ctrl+I组合键，打开"导入"对话框，导入音视频素材文件，如图6-72所示。

Step02：选中视频素材，将其拖曳至"时间轴"面板V1轨道中，如图6-73所示。

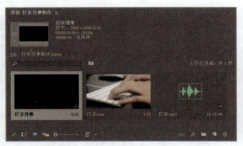
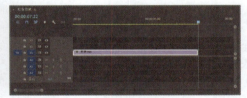

图6-72　　　　　　　　　　　　　　　　　　图6-73

Step03：移动播放指示器至00：00：00：00处，使用"文字工具" 在"节目"监视器面板中单击并输入文字，如图6-74所示。

Step04：选中输入的文字，在"效果控件"面板中设置文字字体、大小等参数，如图6-75所示。

图6-74　　　　　　　　　　　　　　　　　　图6-75

Step05：移动播放指示器至00：00：00：00处，单击"源文本"参数左侧的"切换动画"按钮，添加关键帧，并删除文本框中的文字内容；按Shift+→组合键将播放指示器右移5帧，重复1次，在文本框中输入第1个文字，Premiere Pro 2024将自动添加关键帧，如图6-76所示。

Step06：使用相同的方法，右移10帧，输入第2个文字，如图6-77所示。

图6-76　　　　　　　　　　　　　　图6-77

　　用户也可以先添加关键帧，再根据关键帧位置依次删除文字。

　　Step07：使用相同的方法，继续每隔10帧输入1个文字，制作文字逐个出现的效果。图6-78所示为完成后的效果。

　　Step08：取消选择所有轨道中的素材，移动播放指示器至00：00：00：00处，在"基本图形"面板的"编辑"选项卡中单击"新建图层"按钮，在弹出的快捷菜单中执行"矩形"命令新建矩形，使用"选择工具" ▶在"节目"监视器面板中调整其大小和位置（位于文本左侧），在"基本图形"面板中设置其填充颜色为白色，效果如图6-79所示。

图6-78　　　　　　　　　　　　　　图6-79

　　Step09：移动播放指示器至00：00：00：00处，选中"时间轴"面板中的矩形素材，单击"效果控件"面板中的"位置"参数左侧的"切换动画"按钮 ◎，添加关键帧；按Shift+→组合键将播放指示器右移5帧，重复1次，在文本框中输入第1个文字，Premiere Pro 2024将自动添加关键帧，如图6-80所示。

　　Step10：使用相同的方法，每隔10帧调整一次矩形的位置，使其位于出现的文字之后。图6-81所示为完成后的效果。

图6-80　　　　　　　　　　　　　　图6-81

　　Step11：选中所有关键帧，单击鼠标右键，在弹出的快捷菜单中执行"临时插值>定格"命令，将关键帧定格，如图6-82所示。

　　Step12：移动播放指示器至00：00：00：00处，选中"时间轴"面板中的矩形素材，单击"效果控件"面板中的"不透明度"参数左侧的"切换动画"按钮 ◎，添加关键帧；按Shift+→组合键将播放指示器右移5帧，修改"不透明度"参数的值为"0.0%"，效果如图6-83所示，此时Premiere Pro 2024将自动添加关键帧。

图6-82

图6-83

Step13：再次按Shift+→组合键将播放指示器右移5帧，修改"不透明度"参数的值为"100.0%"，效果如图6-84所示，此时Premiere Pro 2024将自动添加关键帧。

Step14：选中第2个和第3个关键帧，按Ctrl+C组合键复制，再按Shift+→组合键将播放指示器右移5帧，按Ctrl+V组合键粘贴；按两次Shift+→组合键将播放指示器右移10帧，按Ctrl+V组合键粘贴，重复该操作，复制关键帧，如图6-85所示。

图6-84

图6-85

Step15：将音频素材拖曳至"时间轴"面板A1轨道中，移动播放指示器至00：00：04：05处，使用"剃刀工具" 按住Shift键剪切所有轨道素材，并删除右侧内容，如图6-86所示。至此完成文字打字机短视频的制作。

Step16：在"节目"监视器面板中按空格键预览短视频，效果如图6-87所示。

图6-86

图6-87

6.5 案例实战：制作渐显淡出标题动画

标题文本可以概括性地描述短视频。在制作短视频时，用户可以为标题添加不同的动画，增加标题的趣味性。下面将结合文字工具、关键帧等介绍渐显淡出标题动画的制作。

素材位置　配套资源 \ 第6章 \ 案例实战 \ 素材 \ 伴奏.wav、树.mp4、头像.png

Step01：打开Premiere Pro 2024，新建项目和序列；按Ctrl+I组合键，打开"导入"对话框，导入音视频素材文件，如图6-88所示。

Step02：选中视频素材，将其拖曳至"时间轴"面板的V1轨道中，单击鼠标右键，在弹出的快捷菜单中执行"缩放为帧大小"命令，效果如图6-89所示。

图6-88　　　　　　　　　　　　　　图6-89

Step03：使用"剃刀工具"在10秒处裁切素材并删除右侧部分，如图6-90所示。

Step04：选中裁切后的素材并单击鼠标右键，在弹出的快捷菜单中执行"取消链接"命令取消音视频链接，然后删除音频部分，如图6-91所示。

图6-90　　　　　　　　　　　　　　图6-91

Step05：移动播放指示器至00：00：00：00处，使用文字工具在"节目"监视器面板中合适位置单击并输入文字"秋日浓·旅记"，在"效果控件"面板中设置文字字体、大小等参数，如图6-92所示。

Step06：查看效果，如图6-93所示。

图6-92　　　　　　　　　　　　　　图6-93

Step07：调整文字素材的持续时间，使其与V1轨道中的素材的一致，如图6-94所示。

Step08：移动播放指示器至00：00：00：00处，使用矩形工具在"节目"监视器面板中的文字左侧绘制一个矩形，并在"效果控件"面板中设置参数，如图6-95所示。

图6-94

图6-95

Step09：查看效果，如图6-96所示。

Step10：调整矩形素材的持续时间，使其与V1轨道中的素材的一致，如图6-97所示。

图6-96

图6-97

Step11：移动播放指示器至00:00:03:00处，在"效果控件"面板中，单击"路径"参数左侧的"切换动画"按钮 🔘，添加关键帧；移动播放指示器至00:00:00:00处，在"节目"监视器面板中，调整矩形素材向中间压缩，如图6-98所示。Premiere Pro 2024将自动生成关键帧。

Step12：移动播放指示器至00:00:05:00处，选中文字素材，在"效果控件"面板中单击"视频"属性组"位置"参数左侧的"切换动画"按钮 🔘，添加关键帧；移动播放指示器至00:00:03:00处，调整"位置"参数的值，Premiere Pro 2024将自动生成关键帧，如图6-99所示。

图6-98

图6-99

Step13：单击"不透明度"属性组中的"创建4点多边形蒙版"按钮，创建蒙版。在"节目"监视器面板中调整蒙版形状至完全遮盖文字，如图6-100所示。

Step14：在"效果控件"面板中单击"蒙版路径"参数左侧的"切换动画"按钮 🔘，添加关键帧；移动播放指示器至00:00:05:00处，在"节目"监视器面板中调整蒙版位置至2秒处，如图6-101所示。Premiere Pro 2024将自动添加关键帧。

Step15：将图像素材添加至V4轨道，调整其持续时间与其他素材的一致，使用相同的方法创建图像自右向左的运动效果，并创建蒙版隐藏其在矩形右侧的部分，如图6-102、图6-103所示。

Step16：选中V2、V3、V4轨道中的素材并单击鼠标右键，在弹出的快捷菜单中执行"嵌套"命令将其嵌套，如图6-104所示。

Step17：移动播放指示器至00:00:08:00处，单击"效果控件"面板中的"不透明度"参数左侧的"切换动画"按钮，添加关键帧；移动播放指示器至00:00:09:00处，调整"不透明度"参数的值为"0.0%"，Premiere Pro 2024将自动生成关键帧，如图6-105所示。

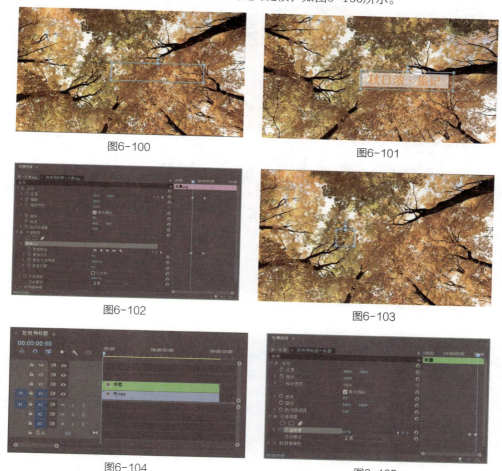

图6-100

图6-101

图6-102

图6-103

图6-104

图6-105

Step18：将音频素材拖曳至A1轨道中，调整其持续时间与V1轨道中素材的一致；在"效果控件"面板中设置其"级别"参数的值为"-6.0dB"，如图6-106所示。

Step19：在"效果"面板中搜索"恒定功率"音频过渡效果，并将其拖曳至A1轨道中的素材入点和出点处，如图6-107所示。

图6-106

图6-107

Step20：选中嵌套对象，在"节目"监视器面板中调整位置，使其与画面对齐；按Enter键渲染预览，效果如图6-108所示。

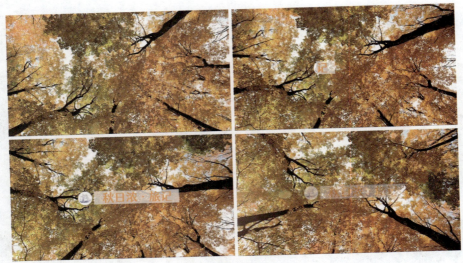

图6-108

至此，完成渐显淡出标题动画的制作。

6.6 知识拓展

Q 在Premiere Pro 2024中，如何导入Photoshop中带有图层的文件？

A 按照Premiere Pro 2024导入素材的常规方式即可。执行"文件 > 导入"命令或按Ctrl+I组合键打开"导入"对话框，选择要导入的PSD文件，在弹出的"导入分层文件"对话框中选择要导入的图层，然后单击"确定"按钮即可将选中的图层以"素材箱"的形式导入"项目"面板。

Q 为什么使用Premiere Pro 2024剪辑素材并进行保存后，发送到其他计算机上会出现素材缺失的情况？

A Premiere Pro 2024中的素材均以链接的形式存储在"项目"面板中，因此用户看到的大部分Premiere Pro 2024保存的文档都很小。若想将其发送至其他计算机上，用户可以打包所用到的素材一并发送，也可以通过"项目管理器"对话框打包素材文件并发送，以免有所疏漏。

Q Premiere Pro 2024中各轨道之间的关系？

A 在Premiere Pro 2024中，用户可以将素材拖曳至"时间轴"面板的轨道中，即可在"节目"监视器面板中预览效果。其中V轨道用于放置图像、视频等可见素材，默认有3条，V1轨道在最下方，上层轨道内容可遮挡下层轨道内容，类似于Photoshop中的图层；A轨道则用于放置音频、音效等素材。

Q Premiere Pro 2024中嵌套的作用和意义是什么？

A 嵌套是指将多个素材组合成一个新的序列，并作为单独的素材出现在"项目"面板和"时间轴"面板中，该操作可以简化复杂项目中的"时间轴"面板，使编辑工作更加清晰、有序。要注意的是Premiere Pro 2024中的嵌套操作不可逆。

Ⓠ　如何替换项目中的字体？

Ⓐ　在Premiere Pro 2024中，用户可以同时更新所有字体来替换现有的字体，而不用选择具体的文字图层。执行"图形>替换项目中的字体"命令，打开"替换项目中的字体"对话框，在该对话框中选择要替换的字体，并在"替换字体"下拉列表框中选择新的字体后单击"确定"按钮。要注意的是，该命令将替换所有序列和所有打开项目中的所有字体，而不是只替换一个图形中的所有图层字体。

Ⓠ　什么是字幕安全区域？

Ⓐ　在Premiere Pro 2024监视器面板中，用户可以选择单击"安全边距"按钮▣显示字幕安全区域，即外部的动作安全边距和内部的字幕安全边距。字幕安全区域主要针对在广播电视上播放、观看短视频。其中，动作安全边距显示了90％的可视区域，重要的短视频内容需要放置在该区域；字幕安全边距则确定了文字字幕的区域范围，超出该区域的文字有可能不能被显示。

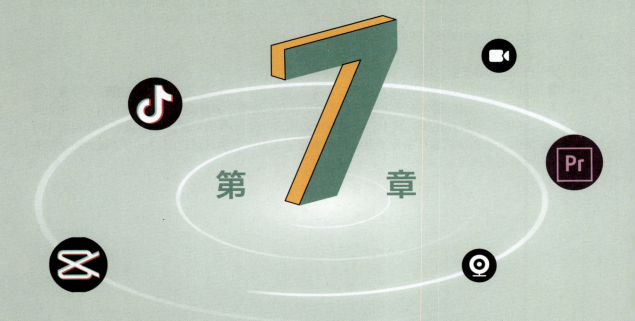

蒙版和抠像

　　在短视频制作过程中，蒙版和抠像技术是实现视觉创新、增加内容表现力的重要手段，可以帮助创作者完成精细的视频合成和创意效果制作，结合关键帧，还可以实现更为复杂的动态效果。本章将对蒙版和抠像进行介绍。

7.1 认识关键帧

　　了解关键帧首先需要了解帧。帧是影像动画中的最小单位，一帧就是一幅画面，如帧率为24帧表示1秒播放24幅画面，这些画面连续播放就形成了动态的视频。关键帧是一种特殊的帧，下面将对其进行介绍。

7.1.1 什么是关键帧

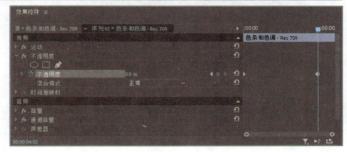

　　关键帧是动画制作和视频编辑中用于定义画面变化过程中具有关键状态的帧，即用于记录在特定时间点上对象属性值发生改变的帧。图7-1所示为"不透明度"属性设置的关键帧，用户可以为两个关键帧设置不同的数值，制作渐隐或渐现的动态变化效果。

图7-1

　　在短视频制作中，除了为属性添加关键帧外，用户还可以为应用的短视频特效添加关键帧，以制作更加精细、有趣的短视频效果。

7.1.2 添加关键帧

　　添加关键帧有两种常用的方式，即通过"效果控件"面板和"节目"监视器面板。

1. 通过"效果控件"面板添加关键帧

　　在"时间轴"面板中选中素材文件，在"效果控件"面板中单击素材参数前的"切换动画"按钮，即可为该素材添加关键帧，如图7-2所示。移动播放指示器，调整参数或单击"添加/移除关键帧"按钮，将继续添加关键帧，如图7-3所示。

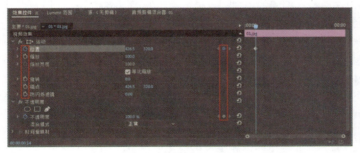

图7-2

图7-3

2．在"节目"监视器面板中添加关键帧

在"效果控件"面板中添加第一个关键帧后，移动鼠标指针至"节目"监视器面板，双击需要添加关键帧的素材，显现其控制框，调整播放指示器位置后，根据添加的关键帧属性（见图7-4）进行移动或缩放即可。图7-5所示为在"节目"监视器面板中添加关键帧的效果。

图7-4　　　　　　　　　　　　　　　　　图7-5

7.1.3　管理关键帧

添加关键帧后，可以在"效果控件"面板中进行移动、复制、删除关键帧等操作，以调整关键帧效果。

1．移动关键帧

创建关键帧后，在"效果控件"面板中选择关键帧，移动其位置，动画效果的变化速度会随之变化。一般来说，在不考虑关键帧插值的情况下，关键帧间隔越大，动画效果变化越慢。

> **提示**
>
> 按住Shift键拖曳播放指示器可以自动贴合创建的关键帧，方便定位以及重新设置关键帧属性参数。

2．复制关键帧

复制关键帧可以快速制作相同的短视频效果，用户既可以将其粘贴在相同素材上，也可以将其粘贴在不同素材上。选中要复制的关键帧，按Ctrl+C组合键复制，移动播放指示器至合适位置，选中目标素材，按Ctrl+V组合键粘贴关键帧即可。

3．删除关键帧

删除关键帧有以下两种常用的方法。

● 使用快捷键删除：删除关键帧最简单的方法是使用Delete键。选中"效果控件"面板中的关键帧，按Delete键即可。删除关键帧后，对应的动画效果也会消失。

● 使用按钮删除：使用"效果控件"面板中的"添加/移除关键帧"按钮◆或"切换动画"按钮◎同样可以删除关键帧。与使用快捷键删除关键帧不同的是，使用"添加/移除关键帧"按钮◆删除关键帧需要移动播放指示器与要删除的关键帧对齐；而使用"切换动画"按钮◎可以删除具有同一属性的所有关键帧。

7.1.4　关键帧插值

关键帧插值是指在两个或多个关键帧之间自动计算中间帧的过程。通过添加并调整关键帧插值，可以使动画效果更平滑。Premiere Pro 2024中的关键帧插值可以分为临时插值和空间插值，这两种插值共同决定了动画的流畅性和表现力，下面将对此进行介绍。

1．临时插值

"临时插值"可以控制时间线上的速度变化状态。在"效果控件"面板中选中关键帧并右击，在弹出的快捷菜单中可以选择需要的插值方法，如图7-6所示。"临时插值"各选项的功能介绍如下。

- **线性**：默认的临时插值选项，可用于创建匀速变化的关键帧插值，运动效果相对来说比较机械。
- **贝塞尔曲线**：用于提供手柄创建自由变化的关键帧插值，该选项对关键帧的控制最强。
- **自动贝塞尔曲线**：用于创建具有平滑的速度变化的关键帧插值，且在更改关键帧的值时会自动更新，以维持平滑过渡效果。

图7-6

- **连续贝塞尔曲线**：与自动贝塞尔曲线类似，但会提供一些手动控件进行调整。在关键帧一侧更改图表的形状时，关键帧另一侧的图表形状也相应变化以维持平滑过渡。
- **定格**：定格插值仅供时间属性使用，可用于创建不连贯的运动或突然变化的效果。使用定格插值时，将保持前一个关键帧的数值，直到下一个定格关键帧。
- **缓入**：用于减慢进入关键帧的值变化。
- **缓出**：用于逐渐加快离开关键帧的值变化。

提示

> 关键帧插值仅可更改关键帧之间的属性变化速度，对关键帧间的持续时间没有影响。

2. 空间插值

"空间插值"关注的是对象在屏幕空间内的路径，决定了素材运动轨迹是曲线还是直线。图7-7所示为"空间插值"的快捷菜单，图7-8所示为选择"线性"和"自动贝塞尔曲线"选项时的路径效果。

图7-7

图7-8

7.1.5　实操案例：加载瞬间

关键帧可以制作样式各异的动画效果，而关键帧插值可以调整动画效果的变化速度。下面将结合关键帧及关键帧插值，制作加载瞬间的动态效果。

实　　例	加载瞬间
素材位置	配套资源 \ 第7章 \ 实操案例 \ 素材 \ 滑雪.mp4、加载.png

Step01：新建项目和序列，按Ctrl+I组合键导入素材文件，如图7-9所示。
Step02：将视频素材拖曳至"时间轴"面板中的V1轨道，调整素材持续时间为10秒，如图7-10所示。

图7-9

图7-10

Step03：移动播放指示器至00:00:00:00处，单击鼠标右键，在弹出的快捷菜单中执行"插入帧定格分段"命令插入帧定格分段，如图7-11所示。

Step04：在"效果控件"面板中搜索"高斯模糊"效果并将其拖曳至帧定格分段素材上，在"效果控件"面板中设置"模糊度"参数的值为"200.0"，勾选"重复边缘像素"复选框，效果如图7-12所示。

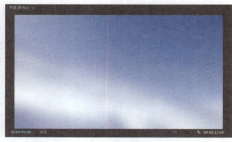

图7-11   图7-12

Step05：为"模糊度"参数添加关键帧，移动播放指示器至00:00:02:00处，更改"模糊度"参数的值为"0.0"，Premiere Pro 2024将自动创建关键帧，如图7-13所示。

Step06：将图像素材拖曳至V2轨道中，调整其持续时间与帧定格分段素材的一致，如图7-14所示。

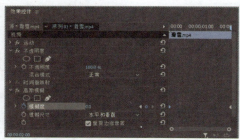

图7-13   图7-14

Step07：移动播放指示器至00:00:00:00处，为图像素材的"旋转"参数添加关键帧，如图7-15所示。

Step08：将播放指示器右移3帧，设置"旋转"参数的值为"45.0°"，Premiere Pro 2024将自动创建关键帧，如图7-16所示。

图7-15   图7-16

Step09：将播放指示器右移3帧，设置"旋转"参数的值为"90.0°"，Premiere Pro 2024将自动创建关键帧，如图7-17所示。

Step10：重复操作，每隔3帧将素材旋转45°，直至素材最后一帧，如图7-18所示。

Step11：选中所有关键帧并右击，在弹出的快捷菜单中执行"定格"命令，关键帧形状变为 ◀ 状，如图7-19所示。

Step12：在"效果"面板中搜索"黑场过渡"效果并将其拖曳至帧定格分段素材入点处，设置其持续时间为1秒；搜索"交叉溶解"效果并将其拖曳至图像素材出点处，设置其持续时间为10帧，如图7-20所示。

图7-17

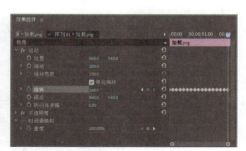

图7-18

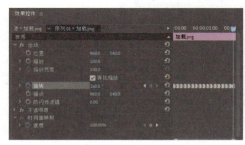

图7-19

图7-20

Step13：按Enter键渲染预览，效果如图7-21所示。

图7-21

至此，完成加载瞬间效果的制作。

7.2 蒙版和跟踪效果

蒙版和跟踪是视频制作的常用手段，一般结合其他视频效果使用，可以实现部分区域的独特视觉效果。下面将对此进行介绍。

7.2.1 什么是蒙版

蒙版是图像及视频编辑中常用的一种技术，它允许用户选择性地隐藏或显示图像的部分区域。通过蒙版可以对图像的某个区域进行特定的编辑或效果应用，且不影响图像的其他部分。

在数字编辑软件中，蒙版通常表现为一个覆盖在图像或视频上的额外层，这个层通过设置不同的灰度值来控制底层内容的可见性。其中，白色或亮色区域允许底层内容完全显示；黑色或暗色区域允许隐藏底层内容；灰色区域则提供不同程度的透明度，实现底层内容的部分可见。

7.2.2　蒙版的创建与管理

Premiere Pro 2024中提供"创建椭圆形蒙版" ⬤、"创建4点多边形蒙版" ⬛和"自由绘制贝塞尔曲线" ✏3种类型的蒙版。

● 创建椭圆形蒙版⬤：单击该按钮将在"节目"监视器面板中自动生成椭圆形蒙版，用户可以通过控制框调整椭圆形蒙版的大小、比例等。

● 创建4点多边形蒙版⬛：单击该按钮将在"节目"监视器面板中自动生成4点多边形蒙版，用户可以通过控制框调整4点多边形蒙版的形状。

● 自由绘制贝塞尔曲线✏：单击该按钮后可在"节目"监视器面板中绘制自由的闭合曲线蒙版。

创建蒙版后，"效果控件"面板中将出现"蒙版"选项，如图7-22所示。

图7-22

其中各选项的功能介绍如下。

● 蒙版路径：用于记录蒙版路径。

● 蒙版羽化：用于柔化蒙版边缘，也可以在"节目"监视器面板中通过控制框手动进行设置。

● 蒙版不透明度：用于调整蒙版的不透明度，当不透明度的值为100%时，蒙版完全不透明并会遮挡图层中位于其下方的区域。不透明度的值越小，蒙版下方的区域就越清晰。

● 蒙版扩展：用于扩展蒙版范围。蒙版扩展为正值时将外移边界，蒙版扩展为负值时将内移边界。也可以在"节目"监视器面板中通过控制框手动进行设置。

● 已反转：勾选该复选框将反转蒙版范围。

7.2.3　蒙版跟踪

蒙版跟踪可以使蒙版自动跟随运动的对象，减轻用户负担，该操作主要通过"蒙版路径"选项实现。图7-23所示为"蒙版路径"选项。

图7-23

其中各按钮的功能介绍如下。

● 向后跟踪所选蒙版1帧◀：单击该按钮将向当前播放指示器所在位置的左侧跟踪1帧。

● 向后跟踪所选蒙版◀：单击该按钮将向当前播放指示器所在位置的左侧跟踪直至素材入点处。

● 向前跟踪所选蒙版▶：单击该按钮将向当前播放指示器所在位置的右侧跟踪直至素材出点处。

● 向前跟踪所选蒙版1帧▶：单击该按钮将向当前播放指示器所在位置的右侧跟踪1帧。

● 跟踪方式🔧：用于设置跟踪蒙版的方式，选择"位置"将只跟踪从帧到帧的蒙版位置；选择"位置和旋转"将在跟踪蒙版位置的同时，根据各帧的需要更改旋转情况；选择"位置、缩放和旋转"将在跟踪蒙版位置的同时，随着帧的移动而自动缩放和旋转。

自动跟踪后，用户可以移动播放指示器位置，对不完善的地方进行处理。

7.2.4　实操案例：模糊界限

为模糊特效添加蒙版，可以使模糊特效作用于画面中的部分区域。下面将结合蒙版和跟踪效果，根据手机屏幕边缘模糊屏幕中的内容。

实 例	模糊界限
素材位置	配套资源 \ 第7章 \ 实操案例 \ 素材 \ 手机.mp4

Step01：新建项目和序列，按Ctrl+I组合键导入视频素材，如图7-24所示。

Step02：将素材拖曳至"时间轴"面板中的V1轨道中，在"效果"面板中搜索"亮度与对比度"效果并将其拖曳至V1轨道中的素材上，在"效果控件"面板中设置"亮度"为20.0、"对比度"为15.0，效果如图7-25所示。

图7-24 图7-25

Step03：在"效果"面板中搜索"颜色平衡（HLS）"效果并将其拖曳至V1轨道中的素材上，在"效果控件"面板中设置"饱和度"为5.0，效果如图7-26所示。

Step04：在"效果"面板中搜索"高斯模糊"效果并将其拖曳至V1轨道中的素材上，在"效果控件"面板中设置"模糊度"为50.0，勾选"重复边缘像素"复选框，效果如图7-27所示。

图7-26 图7-27

Step05：单击"高斯模糊"效果中的"自由绘制贝塞尔曲线"按钮，在"节目"监视器面板中沿手机屏幕绘制蒙版，如图7-28所示。

Step06：移动播放指示器至00:00:00:00处，单击"蒙版路径"参数左侧的"切换动画"按钮，添加关键帧，再单击"蒙版路径"参数右侧的"向前跟踪所选蒙版"按钮跟踪蒙版，Premiere Pro 2024将自动根据"节目"监视器面板中的内容调整蒙版并添加关键帧，如图7-29所示。

图7-28 图7-29

至此完成模糊界限短视频的制作。

7.3 认识抠像

抠像是短视频制作中的常用技术。抠像可以很好地结合不同画面中的对象和背景，实现视频合成效果。下面将对此进行介绍。

7.3.1 什么是抠像

抠像是指从图像或视频帧中精确地分离出某个对象，使其背景透明化或者替换为其他背景的过程。在实际应用中，抠像常用的技术是颜色信息，如绿幕或蓝幕，从而实现前景对象与背景的分离。图7-30所示为抠像前后效果。

图7-30

7.3.2 为什么要抠像

抠像是影视制作和图像处理中一项重要的技术。影视作品中常见的许多夸张的、虚拟的镜头画面，基本都可以通过抠像技术实现，尤其是许多现实无法搭建的科幻场景。在影视制作领域，抠像技术可以轻松地将以绿幕或蓝幕为背景拍摄的对象放置在虚拟场景中，实现复杂场景的切换。同时抠像技术可以使创作者脱离现实场景和资金压力的桎梏，实现更加自由的创作。图7-31所示为使用抠像技术替换背景的前后效果。

图7-31

提示

绿幕和蓝幕广泛应用于抠像技术，这是因为绿色和蓝色在人类皮肤的颜色谱中出现得较少，且现代数字摄像机对绿色光的感光度更高，便于在后期制作中进行抠像。

7.3.3 常用抠像效果

在Premiere Pro 2024中，抠像又称为键控，常用的抠像效果有Alpha调整、亮度键、超级键、轨道遮罩键、颜色键等，如图7-32所示。

1. Alpha调整

"Alpha调整"效果可以选择一个参考画面，按照参考画面的灰度等级决定叠加效果，并可以通过调整不透明度的数值制作不同的显示效果。图7-33所示为该效果的属性参数。

图7-32

图7-33

其中各选项的功能介绍如下。

- 不透明度：可以设置素材不透明度，其数值越小，Alpha通道中的图像越透明。
- 忽略Alpha：选择该选项时会忽略Alpha通道，使素材透明部分变为不透明。
- 反转Alpha：选择该选项时将反转透明区域和不透明区域。
- 仅蒙版：选择该选项时将仅显示Alpha通道的蒙版，不显示其中的图像。

2. 亮度键

"亮度键"效果可用于抠取图层中具有指定亮度的区域。图7-34所示为该效果的属性参数。

其中各选项的功能介绍如下。

图7-34

- 阈值：用于调整透明程度。
- 屏蔽度：用来调整阈值以上或以下的像素变透明的速度或程度。

3. 超级键

"超级键"效果非常实用，它可以指定图像中的颜色范围生成遮罩。图7-35所示为该效果的属性参数。

图7-35

其中各选项的功能介绍如下。

- 输出：用于设置素材输出类型，包括合成、Alpha通道和颜色通道。
- 设置：用于设置抠像类型，包括默认、弱效、强效和自定义。
- 主要颜色：用于设置要进行透明处理的颜色，可通过吸管直接吸取画面中的颜色。
- 遮罩生成：用于设置遮罩产生的方式。其中，"透明度"选项可以在背景上抠出源区域并控制源区域的透明度；"高光"选项可以增加源图像亮区的不透明度；"阴影"选项可以增加源图像暗区的不透明度；"容差"选项可以从背景中滤出前景图像中的颜色；"基值"选项可以从Alpha通道中滤出通常由粒状或低光素材所造成的杂色。

- 遮罩清除：用于设置遮罩的属性。
- 溢出抑制：用于调整对溢出颜色的抑制。
- 颜色校正：用于校正素材颜色。其中，"饱和度"选项可以控制前景源的饱和度；"色相"选项可以控制色相；"明亮度"选项可以控制前景源的明亮度。

图7-36所示为应用该效果前后对比。

图7-36

4. 轨道遮罩键

"轨道遮罩键"效果可以使用上层轨道中的图像遮罩当前轨道中的素材。图7-37所示为该效果的属性参数。

图7-37

其中各选项的功能介绍如下。

- 遮罩：用于选择跟踪抠像的视频轨道。图7-38所示为"视频2"应用该效果前后对比。

图7-38

- 合成方式：用于选择合成的选项类型，包括Alpha遮罩和亮度遮罩两种。
- 反向：选择该选项将对所选对象进行反向选择。

5. 颜色键

"颜色键"效果可以去除图像中指定的颜色。图7-39所示为该效果的属性参数。要注意的是"颜色键"效果仅修改剪辑的 Alpha 通道。

图7-39

其中各选项的功能介绍如下。

- 主要颜色：用于设置抠像的主要颜色。图7-40所示为设置主要颜色前后效果对比。
- 颜色容差：用于设置主要颜色的范围，颜色容差越大，主要颜色的范围越大。
- 边缘细化：用于设置抠像边缘的平滑程度。
- 羽化边缘：用于柔化抠像边缘。

图7-40

7.3.4　实操案例：屏幕合成

抠像是制作屏幕合成的关键技术，其可以快速抠出画面中的蓝幕、绿幕等内容，实现对屏幕内容的替换。下面将结合"超级键"效果和"边角定位"效果合成屏幕内容。

实　　例	屏幕合成
素材位置	配套资源＼第7章＼实操案例＼素材＼电脑.mp4、屏幕内容.mp4

Step01：新建项目和序列，按Ctrl+I组合键导入视频素材，如图7-41所示。

Step02：将"电脑.mp4"素材拖曳至"时间轴"面板的V2轨道中，右击该素材，执行"取消链接"命令取消链接并删除音频部分；在"效果"面板中搜索"超级键"效果并将其拖曳至V2轨道中的素材上，在"效果控件"面板中设置主要颜色为计算机屏幕中的绿色，在"节目"监视器面板中预览效果，如图7-42所示。

图7-41　　　　　　　　　　　　　　　　　　　图7-42

Step03：将"屏幕内容.mp4"素材拖曳至"时间轴"面板中的V1轨道中，使用"剃刀工具"裁切素材至与V2轨道素材一致，删除多余部分，如图7-43所示。

Step04：在"效果"面板中搜索"边角定位"效果，将其拖曳至V1轨道上，在"效果控件"面板中设置"左上"参数的坐标为(187.0，184.0)，效果如图7-44所示。

图7-43　　　　　　　　　　　　　　　　　　　图7-44

Step05：继续设置其他参数的坐标，如图7-45所示。效果如图7-46所示。

图7-45　　　　　　　　　　　　　　　　　　图7-46

至此，完成屏幕合成效果的制作。

7.4　案例实战：制作朦胧的人像

为了保护隐私，在制作短视频时可以选择性模糊人物。下面将结合抠像和蒙版的操作，制作朦胧的人像。

素材位置	配套资源＼第7章＼案例实战＼素材＼打球.mp4、新闻.mp4、文案.txt

Step01：新建项目和序列，按Ctrl+I组合键导入视频素材，如图7-47所示。

Step02：将"新闻.mp4"素材拖曳至V3轨道中，将"打球.mp4"素材拖曳至V1轨道中，如图7-48所示。

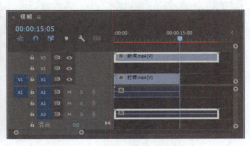

图7-47　　　　　　　　　　　　　　　　　　图7-48

Step03：调整V3轨道中的素材的持续时间与V1轨道中素材的一致，如图7-49所示。

Step04：在"效果"面板中搜索"超级键"效果，将其拖曳至V3轨道中的素材上，在"效果控件"面板中设置"主要颜色"为画面中的绿色，如图7-50所示。

图7-49　　　　　　　　　　　　　　　　　　图7-50

效果如图7-51所示。

Step05：选中V1轨道中的素材，在"效果控件"面板中设置"位置"参数的坐标为(1175.0,516.0)、"缩放"参数的值为72.0，效果如图7-52所示。

图7-51　　　　　　　　　　　　　　　　图7-52

Step06：在00:00:10:16处将V1轨道中的素材裁切成两段；在"效果"面板中搜索"高斯模糊"效果，将其拖曳至V1轨道中的素材上，在"效果控件"面板中设置"模糊度"参数的值为50.0，并勾选"重复边缘像素"复选框，效果如图7-53所示。

Step07：移动播放指示器至00:00:15:04处，选择"高斯模糊"选项组中的"创建椭圆形蒙版"按钮◯，在"节目"监视器面板中调整蒙版大小与位置，效果如图7-54所示。

图7-53　　　　　　　　　　　　　　　　图7-54

Step08：单击"向后跟踪所选蒙版"◀跟踪蒙版，效果如图7-55所示。

Step09：选择"蒙版(1)"选项组，在"节目"监视器面板中逐帧手动调整蒙版位置，效果如图7-56所示。

图7-55　　　　　　　　　　　　　　　　图7-56

Step10：移动播放指示器至00:00:00:00处，使用矩形工具在"节目"监视器面板中绘制矩形，设置矩形填充色为白色，"不透明度"为50.0%，效果如图7-57所示。

Step11：将矩形移动至V2轨道中，调整其持续时间与V1轨道中素材的一致，如图7-58所示。

Step12：选中矩形并右击，在弹出的快捷菜单中执行"嵌套"命令将其嵌套，如图7-59所示。

Step13：双击嵌套序列将其打开，使用文字工具在"节目"监视器面板中单击并输入文字，在"效果控件"面板中设置文字字体、字号等信息，效果如图7-60所示。

图7-57

图7-58

图7-59

图7-60

Step14：调整文字素材持续时间与矩形素材的一致，如图7-61所示。

Step15：移动播放指示器至00:00:00:00处，选中文字素材，在"效果控件"面板中为"图形"参数组中的"位置"参数添加关键帧；移动播放指示器至00:00:15:04处，更改"位置"参数的值，Premiere Pro 2024将自动创建关键帧，如图7-62所示。

图7-61

图7-62

Step16：切换至原序列，按Enter键渲染预览，效果如图7-63所示。

图7-63

至此，完成朦胧的人像效果的制作。

7.5 知识拓展

Q 关键帧之间的运动是如何计算出来的？

A 在两个相邻的关键帧之间，Premiere Pro 2024会根据关键帧之间的属性差异及用户设定的关键帧插值来计算中间帧的值。

Q 如何修复关键帧动画中的颤抖或不平滑问题？

A 使用缓入缓出，并尝试调整两个关键帧之间的贝塞尔曲线。如果关键帧相隔太近，可能会造成颤抖；相隔较远，可能导致运动过于缓慢。有时候，过多的关键帧会使动画不平滑，可以尝试减少关键帧的数量。

Q 如何将自定义的关键帧动画保存为预设？

A 在"效果控件"面板中选择包含关键帧动画的效果并右击，在弹出的快捷菜单中执行"保存预设"命令，命名预设并保存即可。预设完成后，可以在"效果"面板的"预设"文件夹中找到并应用。

Q 一个效果可以同时使用多个蒙版吗？

A 可以，在"效果控件"面板中选择效果下方的蒙版创建按钮进行创建即可。要注意的是，多个蒙版可能会增加计算负担，在应用多个蒙版时，蒙版的顺序和堆叠方式也会影响最终的效果，用户需要根据实际需求确定是否需要创建多个蒙版，并细致地调整蒙版的形状和参数，以达到最佳结果。

Q 蒙版跟踪时跟丢目标应该怎么办？

A 在跟踪过程中，如果跟踪目标丢失，可以停止跟踪并手动调整蒙版位置，然后继续跟踪，也可以减小跟踪区域，聚焦更具特征的部分进行跟踪。

Q 如何使较硬的蒙版边缘看起来比较自然？

A 调整"蒙版羽化""蒙版扩展""蒙版不透明度"等参数调整蒙版边缘，可以使蒙版更自然地融入背景。

Q 如何加速蒙版跟踪？

A 禁用蒙版跟踪的"预览"效果可以加快蒙版跟踪的速度。选中带有蒙版的素材，在"效果控件"面板中单击"蒙版路径"选项中的"跟踪方法"按钮，在弹出的列表中取消选择"预览"选项即可。除此之外，Premiere Pro 2024还拥有优化蒙版跟踪的内置功能，对于高度大于1080像素的素材，Premiere Pro 2024在计算轨道时会将帧的高度缩小至1080像素，还会使用低品质渲染来加快蒙版跟踪的处理过程。

短视频调色

调色是短视频后期制作中的重要步骤，它可以均衡不同的素材画面，使之呈现出统一的色调，还可以传达创作者的情感与视频的主旨，正面影响观众的情感和对视频的印象。本章将对短视频调色进行介绍。

8.1 图像控制类视频调色效果

"图像控制"效果组中的效果可以用于处理素材中的特定颜色。"图像控制"效果组中包括"颜色过滤"、"颜色替换"、"灰度系数校正"和"黑白"4种效果。

8.1.1 颜色过滤

"颜色过滤"效果可以仅保留指定的颜色，使其他颜色呈灰色显示或仅使指定的颜色呈灰色显示而保留其他颜色。图8-1所示为"颜色过滤"效果的属性参数。

图8-1

其中各选项的功能介绍如下。

- 相似性：用于设置颜色的选取范围，数值越大，选取的范围越大。
- 反相：用于反转保留和呈灰色显示的颜色。
- 颜色：用于选择要保留的颜色。

图8-2所示为调整参数前后效果对比。

图8-2

8.1.2 颜色替换

"颜色替换"效果可以替换素材中指定的颜色，且保持其他颜色不变。图8-3所示为"颜色替换"效果的属性参数。

其中部分选项的功能介绍如下。

图8-3

- 纯色：选择该选项将指定颜色替换为纯色。
- 目标颜色：画面中的取样颜色。
- 替换颜色：替换"目标颜色"的颜色。

将"颜色替换"效果拖曳至素材上，在"效果控件"面板中设置要替换的颜色和替换后的颜色即可。图8-4所示为替换前后效果对比。

图8-4

8.1.3　灰度系数校正

"灰度系数校正"效果可以在不改变图像亮部的情况下使图像变暗或变亮。图8-5所示为"灰度系数校正"效果的属性参数。其中"灰度系数"参数可以设置素材的灰度效果，其数值越大，图像越暗；数值越小，图像越亮。

图8-5

8.1.4　黑白

"黑白"效果可以去除素材的颜色信息，使其显示为黑白图像。

8.1.5　实操案例：黑白渐染

颜色过滤可以实现画面从黑白逐渐染色的效果。下面将结合"颜色过滤"效果和关键帧动画制作黑白渐染的效果。

实　　例	黑白渐染
素材位置	配套资源 \ 第8章 \ 实操案例 \ 素材 \ 冰壶.mp4

Step01：新建项目，按Ctrl+I组合键导入素材文件，并将其拖曳至"时间轴"面板中创建序列，如图8-6所示。

Step02：在"效果"面板中搜索"灰度系数校正"效果，将其拖曳至V1轨道中的素材上，在"效果控件"面板中设置"灰度系数"参数的值为8，如图8-7所示。

图8-6

图8-7

Step03：搜索"颜色过滤"效果并将其拖曳至V1轨道中的素材上，在"效果控件"面板中设置"相似性"参数的值为100，使用"颜色"参数右侧的吸管工具吸取画面中的颜色。本案例吸取的颜色为#F0AE93，如图8-8所示。

Step04：移动播放指示器至00:00:02:01处，单击"相似性"参数左侧的"切换动画"按钮，添加关键帧，如图8-9所示。

图8-8

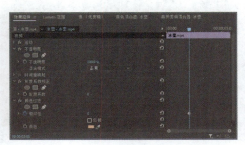

图8-9

Step05：移动播放指示器至00：00：02：43处，更改"相似性"参数为100，软件将自动创建关键帧，如图8-10所示。此时"节目"监视器面板中的效果如图8-11所示。

图8-10　　　　　　　　　　　　　　　　　　　图8-11

Step06：按Enter键渲染预览，效果如图8-12所示。

图8-12

至此完成黑白渐染效果的制作。

 ## 8.2　过时类调色效果

"过时"效果组中的效果是旧版本软件中被保留下来的、效果较好的部分。本节将对其中一些常用的调色效果进行介绍。

8.2.1　RGB曲线

"RGB曲线"效果类似于Photoshop中的"曲线"命令，可以通过设置不同颜色通道的曲线调整画面显示效果。图8-13所示为"RGB曲线"效果的属性参数。

其中部分选项的功能介绍如下。

● 输出：用于设置输出内容是"合成"还是"亮度"。

● 布局：用于设置拆分视图是水平布局还是垂直布局。勾选"显示拆分视图"复选框并调整曲线后，水平布局和垂直布局的效果分别如图8-14、图8-15所示。

图8-13

图8-14　　　　　　　　　　　　　　　　　图8-15

- 拆分视图百分比：用于设置拆分视图的百分比。
- 辅助颜色校正：通过色相、饱和度、亮度与对比度等参数定义颜色并进行校正。

8.2.2　通道混合器

"通道混合器"效果通过使用当前颜色通道的混合组合来修改颜色通道。图8-16所示为"通道混合器"效果的属性参数。

图8-16

其中部分选项的功能介绍如下。

- 红色-红色、红色-绿色、红色-蓝色：用于设置要增加到红色通道值的红色、绿色、蓝色通道值的百分比。如将"红色-绿色"的值设置为20表示在每个像素的红色通道的值上增加该像素绿色通道值的20%。
- 红色-恒量：用于设置要增加到红色通道值的恒量值，如将其设置为100，表示通过增加100%红色来为每个像素增加红色通道的饱和度。
- 绿色-红色、绿色-绿色、绿色-蓝色：用于设置要增加到绿色通道值的红色、绿色、蓝色通道值的百分比。
- 绿色-恒量：用于设置要增加到绿色通道值的恒量值。
- 蓝色-红色、蓝色-绿色、蓝色-蓝色：用于设置要增加到蓝色通道值的红色、绿色、蓝色通道值的百分比。
- 蓝色-恒量：用于设置要增加到蓝色通道值的恒量值。
- 单色：选择该选项将创建灰度图像。

图8-17所示为添加"通道混合器"效果并调整前后效果对比。

图8-17

8.2.3　颜色平衡

"颜色平衡（HLS）"效果是通过设置色相、亮度与饱和度来调整显示的画面。图8-18所示为"颜色平衡"效果的属性参数。

其中各选项的功能介绍如下。

- 色相：用于指定图像的配色方案。

图8-18

- 亮度：用于指定图像的亮度。
- 饱和度：用于调整图像的颜色饱和度。饱和度为负值表示降低饱和度，为正值表示提高饱和度。

图8-19所示为添加"颜色平衡（HLS）"效果并调整前后效果对比。

图8-19

8.2.4　实操案例：变换短视频颜色

Premiere Pro 2024中丰富的调色效果在视频中起着不同的作用，可以实现不同颜色变换的效果。下面将结合"RGB曲线""通道混合器""颜色平衡（HLS）"等效果变换短视频颜色。

实　　例	变换短视频颜色
素材位置	配套资源\第8章\实操案例\素材\走路.mp4

Step01：新建项目，按Ctrl+I组合键导入素材文件，并将其拖曳至"时间轴"面板中创建序列，如图8-20所示。

Step02：在"效果"面板中搜索"RGB曲线"效果，将其拖曳至V1轨道中的素材上，在"效果控件"面板中调整曲线，如图8-21所示。

图8-20　　　　　　　　　　图8-21

此时"节目"监视器面板中的效果如图8-22所示。

Step03：搜索"通道混合器"效果并将其拖曳至V1轨道中的素材上，在"效果控件"面板中调整参数，如图8-23所示。

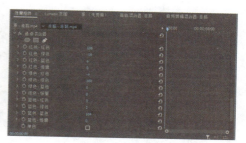

图8-22　　　　　　　　　　图8-23

效果如图8-24所示。

Step04：搜索"颜色平衡（HLS）"效果并将其拖曳至V1轨道中的素材上，在"效果控件"面板中调整参数，如图8-25所示。

图8-24

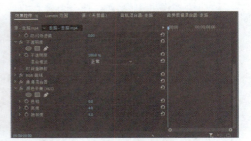

图8-25

效果如图8-26所示。

图8-26

至此，完成短视频颜色的变换。

8.3 通道类调色效果

"通道"效果组中仅包括"反转"效果。"反转"效果可以反转图像的通道。图8-27所示为"反转"效果的属性参数。

图8-27

其中各选项的功能介绍如下。
● 声道：用于设置反转的通道。
● 与原始图像混合：用于设置反转后的画面与原图像的混合程度。
图8-28所示为添加"反转"效果并调整前后效果对比。

图8-28

8.4　颜色校正类调色效果

　　"颜色校正"效果组中的效果可以校正素材颜色,实现调色功能,该效果组中包括"亮度与对比度""色彩"等7种效果。本节将对其中常用的6种效果进行介绍。

8.4.1　ASC CDL

　　"ASC CDL"效果可以通过调整素材中图像的红色、绿色、蓝色通道的参数及饱和度来校正素材图像。图8-29所示为添加"ASC CDL"效果并调整前后效果对比。

图8-29

8.4.2　Brightness & Contrast

　　"Brightness & Contrast"(亮度与对比度)效果通过调整亮度和对比度参数来调整素材中图像的显示效果。图8-30所示为"Brightness & Contrast"效果的属性参数。

图8-30

　　其中各选项的功能介绍如下。

- 亮度:用于调整画面的明暗程度。
- 对比度:用于调整画面的对比度。

　　图8-31所示为添加"Brightness & Contrast"效果并调整前后效果对比。

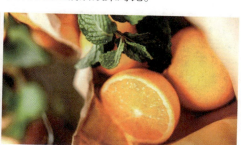

图8-31

8.4.3　Lumetri颜色

　　"Lumetri颜色"效果的功能较为强大,它能够提供专业的颜色分级和颜色校正工具,是一个综合性的颜色校正效果。图8-32所示为"Lumetri颜色"效果的属性参数。

图8-32

其中各选项的功能介绍如下。

- 基本校正：用于修正过暗或过亮的视频。
- 创意：用于提供预设以快速调整剪辑的颜色。
- 曲线：用于提供RGB曲线、色相饱和度曲线等以快速、精确地调整颜色，获得自然的外观效果。
- 色轮和匹配：用于提供色轮以单独调整图像的阴影、中间调和高光。
- HSL辅助：多用于在主颜色校正完成后辅助调整素材文件中的颜色。
- 晕影：用于制作类似于暗角的效果。

图8-33、图8-34所示为添加"Lumetri颜色"效果并设置不同参数的效果。

图8-33

图8-34

除了"Lumetri颜色"效果外，Premiere Pro 2024还提供单独的"Lumetri颜色"面板进行调色。

> **提示**
>
> 在实际应用中，用户可以切换至"颜色"工作区进行调色操作。

8.4.4 色彩

"色彩"效果类似于Photoshop中的渐变映射，它可以将相同的图像灰度范围映射到指定的颜色，即在图像中将阴影映射到一种颜色，将高光映射到另一种颜色，将中间调映射到两种颜色的中间值。图8-35所示为添加"色彩"效果并调整前后效果对比。

图8-35

8.4.5 视频限制器

"视频限制器"效果可以限制素材中图像的RGB值以满足HDTV（High Definition Television，高清电视）数字广播规范的要求。图8-36所示为"视频限制器"效果的属性参数。

图8-36

其中各选项的功能介绍如下。

- 剪辑层级：用于指定输出范围。
- 剪切前压缩：用于从剪辑层级下方的3%、5%、10%或20%处开始，在硬剪辑之前将颜色移入规定范围。
- 色域警告：勾选该复选框后，压缩后的颜色或超出颜色范围的颜色将分别以暗色或高亮方式显示。
- 色域警告颜色：用于指定色域警告颜色。

8.4.6　颜色平衡

"颜色平衡"效果通过更改图像阴影、中间调和高光中的红色、绿色、蓝色所占的比例来调整画面效果。图8-37所示为"颜色平衡"效果的属性参数。

图8-37

其中各选项的功能介绍如下。

- 阴影红色平衡、阴影绿色平衡、阴影蓝色平衡：用于调整素材中阴影部分的红色、绿色、蓝色的平衡情况。
- 中间调红色平衡、中间调绿色平衡、中间调蓝色平衡：用于调整素材中中间调部分的红色、绿色、蓝色的平衡情况。
- 高光红色平衡、高光绿色平衡、高光蓝色平衡：用于调整素材中高光部分的红色、绿色、蓝色的平衡情况。
- 保持发光度：用于在更改颜色时保持图像的平均亮度，以保持图像的色调平衡。

图8-38所示为添加"颜色平衡"效果并调整前后效果对比。

图8-38

8.4.7　实操案例：明亮视界

进行短视频调色时，选择合适的调色效果可以起到事半功倍的作用。下面将使用"Lumetri颜色"效果提亮并调整短视频颜色。

实　例	明亮视界
素材位置	配套资源\第8章\实操案例\素材\河边.mp4

Step01：新建项目，按Ctrl+I组合键导入素材文件，并将其拖曳至"时间轴"面板中创建序列，如图8-39所示。

Step02：在"效果"面板中搜索"Lumetri颜色"效果，并将其拖曳至V1轨道中的素材上，在"效果控件"面板中设置"基本校正"选项组中的"色温"参数的值为-50.0，效果如图8-40所示。

图8-39

图8-40

Step03：设置"高光"参数的值为54.0、"阴影"参数的值为-23.0，效果如图8-41所示。
Step04：设置"白色"参数的值为49.0、"黑色"参数的值为-87.0，效果如图8-42所示。

图8-41

图8-42

Step05：设置"饱和度"参数的值为120.0，效果如图8-43所示。
Step06：展开"曲线"选项组，设置红色通道曲线和蓝色通道曲线，如图8-44所示。

图8-43

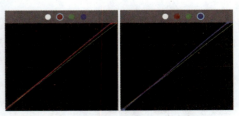
图8-44

效果如图8-45所示。
Step07：展开"色轮和匹配"选项组，设置参数，如图8-46所示。

图8-45

图8-46

效果如图8-47所示。

图8-47

至此，完成短视频提亮并调色的操作。

8.5 | 案例实战：四季轮转

调色可以使视频呈现出四季轮转的效果，给观众带来不同的视觉体验。下面将结合"Lumetri颜色"效果和视频过渡效果，制作四季轮转短视频。

素材位置　配套资源＼第8章＼案例实战＼素材＼骑车.mp4、下雪.mov

Step01：新建项目，按Ctrl+I组合键导入素材文件"骑车.mp4"，并将其拖曳至"时间轴"面板中创建序列，如图8-48所示。

Step02：选中"时间轴"面板中的素材并右击，在弹出的快捷菜单中执行"速度/持续时间"命令，打开"剪辑速度/持续时间"对话框，设置"持续时间"为20秒，如图8-49所示，然后单击"确定"按钮。

图8-48

图8-49

Step03：使用"剃刀工具" 将轨道中的素材均分为4段，如图8-50所示。

Step04：在"效果控件"面板中搜索"Lumetri颜色"效果，并将其拖曳至V1轨道中的第1段素材上，在"效果控件"面板中展开"曲线"选项组，调整"色相（与色相）选择器 色相与色相"曲线，如图8-51所示。

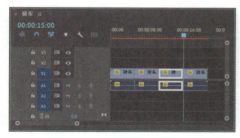

图8-50

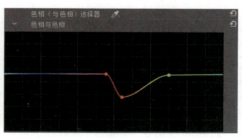

图8-51

此时"节目"监视器面板中的效果如图8-52所示。

Step05：在"效果控件"面板中搜索"Lumetri颜色"效果，并将其拖曳至V1轨道中的第2段素材上，在"效果控件"面板中展开"曲线"选项组，调整"色相（与色相）选择器 色相与色相"曲线，如图8-53所示。

图8-52

图8-53

效果如图8-54所示。

Step06：在"效果控件"面板中搜索"Lumetri颜色"效果，并将其拖曳至V1轨道中的第4段素材上，在"效果控件"面板中展开"基本校正"选项组，设置"色温"参数的值为-48.0，效果如图8-55所示。

图8-54

图8-55

Step07：展开"曲线"选项组，调整"RGB曲线"，如图8-56所示。效果如图8-57所示。

图8-56

图8-57

Step08：在"效果控件"面板中搜索"色彩"效果，并将其拖曳至第4段素材上，设置"着色量"参数的值为80.0%，如图8-58所示。效果如图8-59所示。

图8-58

图8-59

　　Step09：按Ctrl+I组合键导入素材文件"下雪.mov"，将其拖曳至V2轨道，并调整其持续时间与V1轨道中的第4段素材的一致，如图8-60所示。

　　Step10：选中V2轨道中的素材，在"效果控件"面板中设置其"混合模式"为"滤色"，效果如图8-61所示。

图8-60　　　　　　　　　　　　　　　　　图8-61

　　Step11：选中V1轨道中的第4段素材和V2轨道中的素材并右击，在弹出的快捷菜单中执行"嵌套"命令将其嵌套，如图8-62所示。

　　Step12：在"效果"面板中搜索"交叉溶解"效果，并将其拖曳至素材相接处，如图8-63所示。

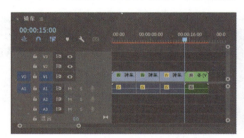

图8-62　　　　　　　　　　　　　　　　　图8-63

　　Step13：在"效果控件"面板中调整"持续时间"为00：00：01：10，如图8-64所示。

　　Step14：选中调整后的视频过渡效果，按Ctrl+C组合键复制，按Ctrl+V组合键将其粘贴在其他素材相接处，如图8-65所示。

图8-64　　　　　　　　　　　　　　　　　图8-65

　　Step15：按Enter键渲染预览，效果如图8-66所示。

图8-66

　　至此完成四季轮转效果的制作。

8.6 知识拓展

Q 调色应注意哪些问题？

A 调色应注意以下3点。

- 尽量保持颜色自然，避免颜色过于夸张导致观众视觉疲劳。
- 根据短视频剧情和场景选择合适的颜色方案。
- 注意短视频整体色调的连贯性，确保颜色和谐统一。

Q 什么是一级调色和二级调色？

A 一级调色是对画面整体进行的色彩调整，例如调整画面整体的亮度、对比度、白平衡等；二级调色是对画面中的特定颜色区域进行精细化调整，比如人物肤色调整、背景颜色调整等。

Q 调色时，如何避免色彩溢出或细节丢失等问题？

A 及时关注"Lumetri范围"面板中的波形监视器和矢量示波器。波形监视器显示了图像的亮度级别分布，可以帮助检查曝光是否准确；矢量示波器展示了颜色相对于色域的位置，便于观察颜色的饱和度和色相是否合适。这两项可以确保调整后不会导致高光过曝或阴影完全黑掉，从而有效保留画面细节。同时，合理利用视频限制器、广播颜色等效果以防止颜色溢出问题。

Q 什么是白平衡，如何进行白平衡调整？

A 白平衡是电视摄像领域中一个重要的概念，是描述显示器中红色、绿色、蓝色混合后白色精确度的一项指标。白平衡的基本概念是，在任何光源下，都能将白色物体还原为白色。在"Lumetri颜色"面板中展开"基本校正"选项组，或在添加"Lumetri颜色"效果后，在"效果控件"面板中展开"基本校正"选项组，选择"白平衡"中的"色温""色彩"等选项并调整即可。

Q 怎么进行局部调色？

A 添加调色效果后，结合蒙版选定需要局部调整的区域进行调色即可。

Q 怎么实现镜头间的颜色匹配？

A 利用颜色匹配，可以比较整个序列中两个不同镜头的外观，确保一个场景或多个场景中的颜色和光线匹配。单击"Lumetri颜色"面板的"色轮和匹配"选项组中的"比较视图"按钮，选择参考帧后，单击"应用匹配"按钮，Premiere Pro 2024将自动应用Lumetri 设置，匹配当前帧与参考帧的颜色。如果对结果不满意，可以使用另一个镜头作为参考并再次匹配颜色，Premiere Pro 2024将覆盖先前所做的更改，与新参考镜头的颜色进行匹配。

第9章

音频的处理

　　音频是短视频的关键组成部分，它服务于视频内容，在叙事引导、环境烘托、氛围营造、信息传递、节奏控制等方面起着至关重要的作用。本章将对短视频中音频的处理进行介绍。

9.1 音频效果的应用

音频是短视频中的关键元素，声画结合可以大幅度提升短视频的视觉表现力及影响力。下面将对音频效果的应用进行介绍。

9.1.1 振幅与压限类音频效果

"振幅与压限"音频效果组包括10种音频效果，可以对音频的振幅进行处理，避免出现较低或较高的声音。下面将对部分常用音频效果进行介绍。

1. 动态

"动态"音频效果可以控制一定范围内音频信号的增强或减弱。该音频效果包括4个部分：自动门、压缩程序、扩展器和限幅器。

添加该音频效果后，在"效果控件"面板中单击"编辑"按钮，打开"剪辑效果编辑器-动态"对话框进行设置，如图9-1所示。其中各选项的功能介绍如下。

图9-1

- 自动门：用于删除低于特定振幅阈值的噪声。其中，"阈值"参数用于设置指定效果器的上限值或下限值；"攻击"参数用于指定检测到达到阈值的信号后多久启动效果器；"释放"参数用于设置指定效果器的工作时间；"定格"参数用于设置保持时间。
- 压缩程序：用于通过衰减超过指定阈值的音频来减小音频信号的动态范围。其中，"攻击"和"释放"参数用于更改临时行为；"比例"参数用于控制动态范围的更改；"补充"参数用于补偿音频电平。
- 扩展器：通过衰减低于指定阈值的音频来增大音频信号的动态范围。其中，"比例"参数用于控制动态范围的更改。
- 限幅器：用于衰减超过指定阈值的音频。信号受到限制时，LED 会亮。

2. 动态处理

"动态处理"音频效果可用作压缩器、限幅器或扩展器。作为压缩器和限幅器时，该音频效果可减小动态范围，产生一致的音量；作为扩展器时，该音频效果通过减小低电平信号的电平来增大动态范围。

3. 单频段压缩器

"单频段压缩器"音频效果可用于减小动态范围，从而产生一致的音量并提高感知响度。该音频效果常作用于画外音，以便在音乐音轨和背景音频中突显画外音。

4. 增幅

"增幅"音频效果可用于增强或减弱音频信号。该音频效果实时起效，用户可以结合其他音频效果一起使用。

5. 多频段压缩器

"多频段压缩器"音频效果可实现单独压缩4种不同的频段，每个频段通常包含唯一的动态内容，常用于处理音频母带。

添加该音频效果后，在"效果控件"面板中单击"编辑"按钮，打开"剪辑效果编辑器-多频段压缩器"对话框进行设置，如图9-2所示。其中部分选项的功能介绍如下。

- 独奏 S ：单击该按钮，将只能听到当前频段。
- 阈值：用于设置启用压缩的输入电平。若想压缩极端峰值并保留更大的动态范围，阈值需低于峰值输入电平5dB左右；若想高度压缩音频并大幅减小动态范围，阈值需低于峰值输入电平15dB左右。

- 增益：用于在压缩之后增强或消减振幅。
- 输出增益：用于在压缩之后增强或消减整体输出电平。
- 限幅器：用于输出增益后在信号路径的末尾应用限制，优化整体电平。
- 输入频谱：勾选该复选框，将在多频段图形中显示输入信号的频谱。
- 墙式限幅器：勾选该复选框，将在当前裕度设置应用即时强制限幅。
- 链路频段控件：勾选该复选框，将全局调整所有频段的压缩设置，同时保留各频段间的相对差异。

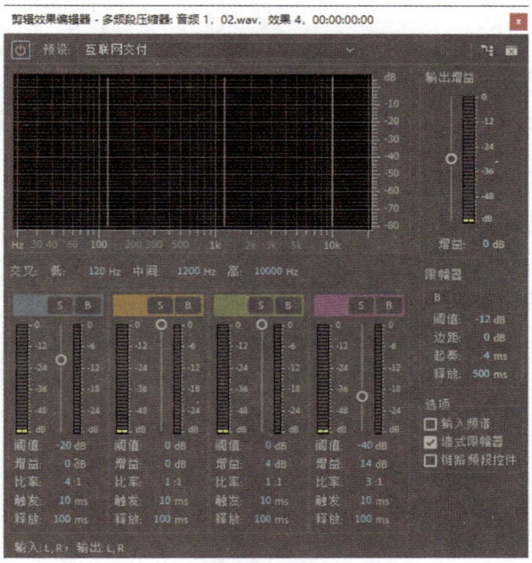

6. 强制限幅

"强制限幅"音频效果可以减弱高于指定阈值的音频。该音频效果可提高整体音量，同时避免扭曲。

7. 消除齿音

"消除齿音"音频效果可去除齿音和其他高频（如"嘶嘶"类型）的声音。

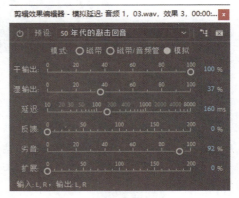

图9-2

9.1.2　延迟与回声音频效果

"延迟与回声"音频效果组包括3种音频效果，可以通过延迟制作回声的效果，使声音更加饱满、有层次。

1. 多功能延迟

"多功能延迟"音频效果可以制作延迟音效的回声效果，适用于5.1音源、立体声或单声道剪辑。添加该音频效果后，用户可以在"效果控件"面板中设置最多4个回声效果。

2. 延迟

"延迟"音频效果可以制作在指定时间后播放的回声效果，生成单一回声，其对应的选项如图9-3所示。35毫秒或更长时间的延迟可以产生不连续的回声，而15~34毫秒的延迟可以产生简单的和声或镶边效果。

图9-3

3. 模拟延迟

"模拟延迟"音频效果可模拟老式延迟装置的温暖声音特性，用于制作缓慢的回声效果。

添加该音频效果后，在"效果控件"面板中单击"编辑"按钮，打开"剪辑效果编辑器-模拟延迟"对话框，如图9-4所示。其中部分选项的功能介绍如下。

- 预设：包括多种软件预设的音频效果，用户可以直接选择应用。
- 延迟：用于设置延迟的时长。
- 反馈：用于通过延迟线重新发送延迟的音频来创建重复回声。其数值越大，回声强度增长得越快。
- 劣音：用于增加扭曲并提高低频，增加温暖的效果。

图9-4

9.1.3　滤波器和EQ音频效果

"滤波器和EQ"音频效果组包括14种音频效果，可以过滤掉音频中的某些频率，得到更加纯净的音频。其中部分常用音频效果介绍如下。

1. FFT滤波器

"FFT滤波器"音频效果可以轻松绘制用于抑制或增强指定频率的曲线或陷波。

2. 低通

"低通"音频效果可以消除高于指定频率的频率，使音频产生浑厚的低音效果。添加该音频效果后，在"效果控件"面板中设置"切断"参数即可，如图9-5所示。

图9-5

3. 低音

"低音"音频效果可以增大或减小低频（200Hz及以下），适用于5.1、立体声或单声道剪辑。

4. 图形均衡器

"图形均衡器"音频效果可以增强或消减指定频段，并直观地表示生成的EQ曲线。在使用该音频效果时，用户可以选择不同的频段进行添加。其中，"图形均衡器（10段）"音频效果频段最少，调整最快；"图形均衡器（30段）"音频效果频段最多，调整最精细。

5. 带通

"带通"音频效果用于移除指定范围外的频率或频段，图9-6所示为其选项。其中Q表示提升或者衰减的频率范围。

图9-6

6. 科学滤波器

"科学滤波器"音频效果用于对音频进行高级操作。添加该音频效果后，在"效果控件"面板中单击"编辑"按钮，打开"剪辑效果编辑器-科学滤波器"对话框，如图9-7所示。

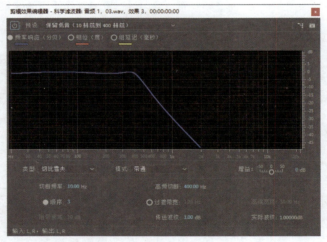

图9-7

其中部分选项的功能介绍如下。

- 预设：用于选择软件自带的音频效果进行应用。
- 类型：用于设置科学滤波器的类型，包括"贝塞尔""巴特沃斯""切比雪夫""椭圆"4种类型。
- 模式：用于设置滤波器的模式，包括"低通""高通""带通""带阻"4种模式。
- 增益：用于调整音频整体的音量级别，避免产生太响亮或太柔和的音频。

9.1.4 调制音频效果

"调制"音频效果组包括3种音频效果，可以通过混合音频效果或移动音频信号的相位来改变声音。

1. 和声/镶边

"和声/镶边"音频效果可以模拟多个音频的混合效果，增强人声音轨或为单声道音频添加立体声。添加该音频效果后，在"效果控件"面板中单击"编辑"按钮，打开"剪辑效果编辑器-和声/镶边"对话框，如图9-8所示。

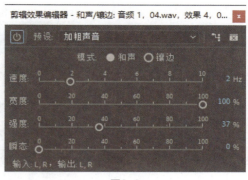

图9-8

其中部分选项的功能介绍如下。

● 模式：用于设置模式，包括"和声"和"镶边"两个单选项。"和声"可以模拟同时播放多个语音或乐器的效果；"镶边"可以模拟在打击乐中听到的延迟相移声音。

● 速度：用于控制延迟时间循环从0到最大设置的速率。

● 宽度：用于指定最大延迟量。

● 强度：用于控制原始音频与处理后音频的比例。

● 瞬态：强调瞬时，提供更锐利、更清晰的声音。

2. 移相器

"移相器"音频效果类似于镶边，该音频效果可以"移动"音频信号的相位，使其与原始信号重新合并，制作出20世纪60年代的打击乐效果。与镶边不同的是，"移相器"音频效果会以上限频率为起点或终点扫描一系列相移滤波器。相位调整可以显著改变立体声声像，创造超自然的声音。

3. 镶边

"镶边"音频效果可以将原始音频信号与一个略微延迟但延迟时间快速变化的副本混合在一起，创造出一种有深度和空间感的变化以及具有周期性颤音的声音特征。该音频效果多用于增强音乐、电影或游戏中声音的动态表现力和艺术效果。

9.1.5 降杂/恢复音频效果

"降杂/恢复"音频效果组包括4种音频效果，可用于去除音频中的杂音，使音频更加纯净。

1. 减少混响

"减少混响"音频效果可以消除混响曲线并辅助调整混响量。

2. 消除嗡嗡声

"消除嗡嗡声"音频效果可以去除窄频段及其谐波，常用于处理照明设备和电子设备电线发出的嗡嗡声。

3. 自动咔嗒声移除

"自动咔嗒声移除"音频效果可以去除音频中的咔嗒声或静电噪声。

4. 降噪

"降噪"音频效果可以降低或完全去除音频文件中的噪声。

9.1.6 混响音频效果

"混响"音频效果组包括3种音频效果，可为音频添加混响，模拟声音反射的效果。

1. 卷积混响

"卷积混响"音频效果可以基于卷积的混响、使用脉冲文件模拟声学空间，使之如同在原始环境中一样。添加该音频效果后，在"效果控件"面板中单击"编辑"按钮，打开"剪辑效果编辑器-卷积混响"对话框，如图9-9所示。其中部分选项的功能介绍如下。

● 预设：该下拉列表包括多种预设效果，用户可以直接选择应用。

● 脉冲：用于指定模拟声学空间的文件。单击"加载"按钮可以添加自定义的脉冲文件。

● 混合：用于设置原始声音与混响声音的比例。

● 房间大小：用于设置由脉冲文件定义的完整空间的百分比，其数值越大，混响时间越长。

● 阻尼LF：用于减少混响中的低频重低音分量，避免模糊，以产生更清晰的声音。

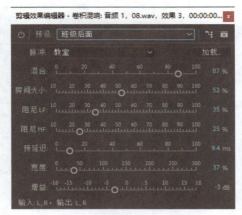

图9-9

● 阻尼HF：用于减少混响中的高频瞬时分量，避免刺耳声音，以产生更温暖、更生动的声音。

● 预延迟：用于确定混响形成最大振幅所需的时间。其数值较小时声音比较自然；数值较大时可以产生有趣的特殊效果。

2. 室内混响

"室内混响"音频效果可以模拟室内空间演奏音乐的效果。用户可以在多轨编辑器中快速、有效地进行实时的更改，无须对音轨预渲染效果。

3. 环绕声混响

"环绕声混响"音频效果可以模拟声音在室内空间中的效果和氛围，常用于5.1音源，也可为单声道或立体声音源提供环绕声环境。

9.1.7 特殊效果音频效果

"特殊效果"音频效果组包括12种音频效果，常用于制作一些特殊的效果，如交换左右声道、模拟汽车音箱爆裂声音等。下面将对部分常用音频效果进行介绍。

1. 雷达响度计

"雷达响度计"（Loudness Radar）音频效果可以测量剪辑、轨道或序列中的音频级别，帮助用户控制声音的音量，以满足广播电视要求（指确保所有广播内容的音频质量一致且适合观众收听，不会造成听众不适或听力损伤，同时保证信息的清晰传达。雷达响度计可以监测和调整音频内容，确保音频符合广播电视的响度和质量标准。）添加该音频效果后，在"效果控件"面板中单击"编辑"按钮，打开"剪辑效果编辑器-Loudness Radar"对话框，如图9-10所示。在该对话框中，播放声音时若出现较多黄色区域，表示音量偏高；仅出现蓝色区域，表示音量偏低。一般来说，需要将音量保持在雷达的绿色区域中，才可满足要求。

图9-10

2. 互换声道

"互换声道"音频效果仅适用于立体声剪辑，可用于交换左、右声道信息的位置。

3. 人声增强

"人声增强"音频效果可以增强人声，提高旁白录音质量。

4. 吉他套件

"吉他套件"音频效果可以应用一系列可以优化和改变吉他音轨的处理器，模拟吉他弹奏的效果，使音频更具有表现力。

5. 用右侧填充左侧

"用右侧填充左侧"音频效果可以复制音频剪辑的左声道信息，将其放置在右声道中，并丢弃原始音频的右声道信息。

6. 用左侧填充右侧

"用左侧填充右侧"音频效果可以复制音频剪辑的右声道信息，将其放置在左声道中，并丢弃原始音频的左声道信息。

<table>
<tr><td>**9.1.8**</td><td>**实操案例：悦耳新声**</td></tr>
</table>

音频是短视频的重要组成部分，而噪声会影响音频的质量。下面将结合不同的音频效果，去除音频中的噪声，使其焕发新"声"。

<table>
<tr><td>**实　　例**</td><td>悦耳新声</td><td rowspan="2"></td></tr>
<tr><td>**素材位置**</td><td>配套资源 \ 第9章 \ 实操案例 \ 素材 \ 唱歌.mp3</td></tr>
</table>

Step01：新建项目，导入素材文件，并将其拖曳至"时间轴"面板中，Premiere Pro 2024将根据素材自动创建序列，如图9-11所示。

Step02：在"效果"面板中搜索"降噪"音频效果，并将其拖曳至A1轨道中的素材上，在"效果控件"面板中单击"编辑"按钮，打开"剪辑效果编辑器-降噪"对话框，在"预设"下拉列表中选择"弱降噪"选项，如图9-12所示。

图9-11

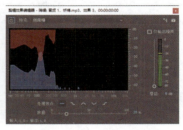
图9-12

Step03：关闭"剪辑效果编辑器-降噪"对话框，在"效果"面板中搜索"图形均衡器（10段）"音频效果，并将其拖曳至A1轨道中的素材上，在"效果控件"面板中单击"编辑"按钮，打开"剪辑效果编辑器-图形均衡器（10段）"对话框，在"预设"下拉列表中选择"音乐临场感"选项，如图9-13所示。

Step04：关闭"剪辑效果编辑器-图形均衡器（10段）"对话框，在"效果"面板中搜索"参数均衡器"音频效果，并将其拖曳至A1轨道中的素材上，在"效果控件"面板中单击"编辑"按钮，打开"剪辑效果编辑器-参数均衡器"对话框，在"预设"下拉列表中选择"人声增强"选项，如图9-14所示。

至此，完成短视频音频的降噪。移动播放指示器至起始位置，按空格键播放即可。

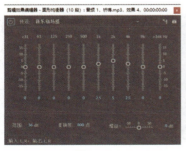
图9-13

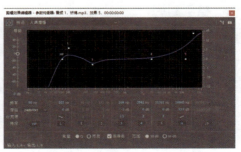
图9-14

9.2 音频的编辑

音频的编辑不仅体现在音频效果的应用上，还体现在用户可以通过音频关键帧、音频过渡效果等制作音频的变化，下面将对此进行介绍。

9.2.1 音频关键帧

音频关键帧可以精确控制音频剪辑的各项属性随时间的变化。用户可以选择在"时间轴"面板或"效果控件"面板中添加音频关键帧。

1. 在"时间轴"面板中添加音频关键帧

若想在"时间轴"面板中添加音频关键帧，则需先双击音频轨道前的空白处将其展开，如图9-15所示。再次双击此处可折叠音频轨道。

在展开的音频轨道中单击"添加−移除关键帧"按钮，可以添加或删除音频关键帧。添加音频关键帧后，可通过"选择工具"移动其位置，从而改变音频效果，如图9-16所示。

图9-15　　　　　　　　　　　　　　　　　　图9-16

2. 在"效果控件"面板中添加音频关键帧

在"效果控件"面板中添加音频关键帧与创建视频关键帧的方式类似。

选择"时间轴"面板中的音频素材后，在"效果控件"面板中，单击"级别"参数左侧的"切换动画"按钮，可以在播放指示器当前位置添加关键帧，移动播放指示器，调整"级别"参数的值或单击"添加/移除关键帧"按钮，可继续添加关键帧，如图9-17所示。

单独设置"左侧"或"右侧"参数的关键帧，可以制作特殊的左、右声道效果。

图9-17

9.2.2 音频持续时间

在处理音频素材时，常常需要设置其持续时间与视频轨道中的素材相匹配，以保证影片品质，其设置方式与其他素材基本一致，用户可以参考前文的内容进行设置。

9.2.3 音频过渡效果

音频过渡效果可以平滑音频剪辑之间的连接点，避免突然的音量变化。Premiere Pro 2024包括3种音频过渡效果："恒定功率""恒定增益""指数淡化"。这些音频过渡效果均可用于制作音频交叉淡化的效果。

- **恒定功率**：该音频过渡效果可以用于创建类似于视频剪辑之间的溶解过渡效果的平滑渐变的过

渡效果。应用该音频过渡效果，会缓慢降低第一个音频的音量，而后音量会快速接近第一个音频的末端。对于第二个音频，此音频过渡效果会快速增加第二个音频的音量，然后音量会缓慢地接近第二个音频末端。

- 恒定增益：该音频过渡效果在剪辑之间过渡时将以恒定速率更改音频进出，但声音听起来会比较生硬。
- 指数淡化：该音频过渡效果可以淡出位于平滑对数曲线上方的第一个音频，同时可以自下而上地淡入同样位于平滑对数曲线上方的第二个音频。通过在"对齐"控件菜单中选择一个选项，可以指定过渡的位置。

添加音频过渡效果后，选择"时间轴"面板中添加的音频过渡效果，在"效果控件"面板中可以设置持续时间、对齐等参数。

9.2.4 实操案例：旋律之间

合适的音频可以为短视频增光添彩，使其更具吸引力。下面结合音频的相关知识，介绍短视频配乐的添加与调整。

实　　例	旋律之间
素材位置	配套资源 \ 第9章 \ 实操案例 \ 素材 \ "配乐"文件夹

Step01：打开素材文件"为短视频配乐素材.prproj"，在"节目"监视器面板中预览效果，如图9-18所示。

Step02：在"项目"面板中选中"打字.mp3"素材，并将其拖曳至"时间轴"面板中的A1轨道中，如图9-19所示。

图9-18

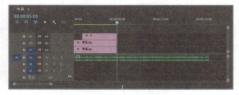

图9-19

Step03：移动播放指示器至00:00:01:00处，使用"剃刀工具" 在A1轨道中播放指示器处单击剪切音频素材，再移动播放指示器至00:00:04:00处，使用"剃刀工具" 在A1轨道中播放指示器处单击剪切音频素材，删除A1轨道中的第1段和第3段音频素材，如图9-20所示。

Step04：在"项目"面板中选中"伴奏.mp3"素材，并将其拖曳至"时间轴"面板中的A2轨道中，如图9-21所示。

图9-20

图9-21

Step05：移动播放指示器至00:00:03:01处，使用"剃刀工具" 在A2轨道中播放指示器处单击剪切音频素材，选中A2轨道中的第1段音频素材，按Delete键删除，并移动第2段音频素材至起始处，如图9-22所示。

Step06：移动播放指示器至00:00:05:00处，使用"剃刀工具" 在A2轨道中播放指示器处单击剪切音频素材，并删除右侧的音频素材，如图9-23所示。

图9-22

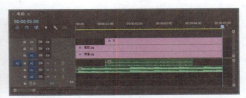
图9-23

Step07：选中A2轨道中的音频素材，在"效果控件"面板中设置其"音量"效果的"级别"参数的值为-10.0dB，如图9-24所示。

Step08：在"效果"面板中搜索"指数淡化"音频过渡效果，并将其拖曳至A2轨道中的音频素材起始处；搜索"恒定增益"音频过渡效果，并将其拖曳至A2轨道中的音频素材末端，如图9-25所示。

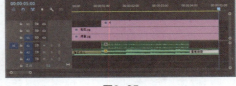
图9-25

图9-24

至此，完成短视频配乐的添加。移动播放指示器至起始处，按空格键播放即可。

9.3 案例实战：影音叙事

视频和音频的结合，可以使影音内容更具表现力。下面将结合音频相关知识和视频相关知识，介绍影音叙事短视频的制作。

| 素材位置 | 配套资源 \ 第9章 \ 案例实战 \ 素材 \ 鸟.mp4、配乐.m4a、求婚.mp4、水.mp4 |

Step01：新建项目和序列，导入素材文件"鸟.mp4""水.mp4""求婚.mp4""配乐.m4a"，如图9-26所示。

Step02：选择"鸟.mp4""水.mp4""求婚.mp4"素材，并将其拖曳至"时间轴"面板的V1轨道中，在弹出的"剪辑不匹配警告"对话框中单击"保持现有设置"按钮，将素材放置在V1轨道中。选中V1轨道中的3段素材，单击鼠标右键，在弹出的快捷菜单中执行"缩放为帧大小"命令，调整素材大小。再次单击鼠标右键，在弹出的快捷菜单中执行"取消链接"命令，取消音视频链接并删除音频素材，如图9-27所示。

图9-26

图9-27

　　Step03：选中V1轨道中的第1段和第2段素材，单击鼠标右键，在弹出的快捷菜单中执行"速度/持续时间"命令，打开"剪辑速度/持续时间"对话框，设置"持续时间"为00:00:05:00，勾选"波纹编辑，移动尾部剪辑"复选框，单击"确定"按钮，调整第1段素材和第2段素材的持续时间为5s，如图9-28所示。

　　Step04：使用相同的方法，调整第3段素材的持续时间为10s，如图9-29所示。

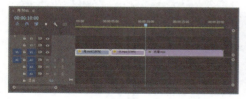
图9-28

图9-29

　　Step05：移动播放指示器至00:00:00:00处，单击"基本图形"面板中的"新建图层"按钮，在弹出的快捷菜单中执行"文本"命令，双击文本图层，在"基本图形"面板中设置"字体"为"庞门正道粗书体"，"填充"为白色，并设置"阴影"参数的值为"75%"，如图9-30所示。设置完成后，在"节目"监视器面板中输入文字，使用"选择工具"选择文本框并将其移动至合适位置，如图9-31所示。

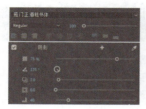
图9-30

图9-31

　　Step06：在"时间轴"面板中选中V2轨道中的文字素材，按住Alt键向后拖曳复制，如图9-32所示。

　　Step07：选择V2轨道中的第2段文字素材，使用"选择工具"在"节目"监视器面板中双击并修改文字内容，并移动文字至合适位置，如图9-33所示。

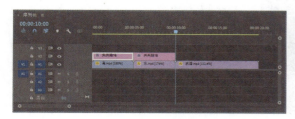
图9-32

图9-33

　　Step08：使用相同的方法继续复制并修改文字，如图9-34、图9-35所示。

图9-34

图9-35

Step09：在"效果"面板中搜索"交叉溶解"视频过渡效果，并将其拖曳至素材的始末处与连接处，如图9-36所示。

Step10：在"项目"面板中选中"配乐.m4a"素材，并将其拖曳至A1轨道中，如图9-37所示。

图9-36 　　　　　　　　　　　　　　　　　　　 图9-37

Step11：移动播放指示器至00:00:03:04处，使用"剃刀工具"  在A1轨道中播放指示器处单击剪切音频素材，删除第1段音频素材，移动第2段素材至起始处，如图9-38所示。

Step12：移动播放指示器至00:00:20:06处，再次剪切音频素材并删除右侧的音频素材，如图9-39所示。

图9-38 　　　　　　　　　　　　　　　　　　　 图9-39

Step13：选中A1轨道中的音频素材，单击鼠标右键，在弹出的快捷菜单中执行"速度/持续时间"命令，打开"剪辑速度/持续时间"对话框，设置"持续时间"为20s，勾选"保持音频音调"复选框，完成后单击"确定"按钮，调整音频素材持续时间，如图9-40所示。

Step14：选中A1轨道中的音频素材，在"效果控件"面板中设置其"音量"效果的"级别"参数的值为-6.0dB，如图9-41所示。

图9-40 　　　　　　　　　　　　　　　　　　　 图9-41

Step15：在"效果"面板中搜索"指数淡化"音频过渡效果，并将其拖曳至A1轨道中的音频素材起始处和末端，如图9-42所示。至此，完成影音叙事效果的制作。

Step16：移动播放指示器至起始位置，按空格键播放并观看效果，如图9-43所示。

图9-42 　　　　　　　　　　　　　　　　　　　 图9-43

9.4 知识拓展

Q Premiere Pro 2024支持导入哪些类型的音频？

A Premiere Pro 2024支持导入几乎所有的常见音频格式，包括但不限于WAV、AIFF、MP3、AAC、FLAC等，也支持直接导入视频文件中的内嵌音频轨道。

Q 在Premiere Pro 2024中，5.1包含哪些声道？

A 3条前置音频声道（左声道、中置声道、右声道），2条后置或环绕音频声道（左声道和右声道），以及通向低音音箱扬声器的低频效果（LFE）音频声道。

Q 如何查看音频数据？

A Premiere Pro 2024为相同音频数据提供了多个视图。将轨道显示设置为"显示轨道关键帧"或"显示轨道音量"，可以在音频轨道混合器或"时间轴"面板中查看和编辑轨道或音频的音量或效果值。其中，"时间轴"面板中的音轨包含波形，其为剪辑音频和时间的关系的可视化表示形式。波形的高度表示音频的振幅（响度或静音程度），波形的高度越大，音频音量越大。

Q 播放音频素材时，"音频仪表"面板中有时会显示红色，为什么？

A 将音频素材插入"时间轴"面板后，在"音频仪表"面板中可以观察到音量变化。播放音频素材时，"音频仪表"面板中的两个柱体的高度将随音量变化而变化，若音频音量超出安全范围，柱体顶端将显示红色。用户可以通过调整音频增益、降低音量来避免这一情况。

Q 怎么使轨道独奏？

A 单击"时间轴"面板中的"独奏轨道"按钮 S 可以静音其他轨道；单击"时间轴"面板中的"静音轨道"按钮 M 可以临时静音轨道。

Q 怎么制作人声规避效果？

A 通过"基本图形"面板制作。在"基本图形"面板中将人声定义为对话，将伴奏定义为音乐，然后设置回避"对话"即可。

Q 什么是音频剪辑增益控制？

A 音频剪辑增益控制允许用户整体提升或降低音频剪辑的音量级别，而不改变其动态范围。这与关键帧控制音量不同，音频剪辑增益控制是应用于整个音频剪辑的全局设置。

Q 如何同步视频和音频？

A 当视频和音频素材脱节时，可以通过Premiere Pro 2024的"同步"功能自动或基于时间码、音视频波形匹配或标记点的方式手动对它们进行同步。

第 **10** 章

视频特效应用

Premiere Pro 2024 中的视频特效一般指可以实现某些特殊功能的效果，Premiere Pro 2024 提供了丰富的视频效果，用户可以通过这些效果，创作精彩纷呈的创意视频。本章将对视频特效及其应用进行介绍。

认识视频效果

在制作短视频时，可以通过视频效果调整视频画面，满足不同类型短视频的制作需要。下面将对视频效果的类型及编辑进行介绍。

10.1.1　视频效果类型

使用视频效果，不仅可以修正和提高视频片段的质量，还可以创造出独特的视觉风格和感觉。视频效果是后期制作的重要组成部分，通过它们可以创造出具有专业外观和感觉的视觉内容。图10-1所示为Premiere Pro 2024中的视频效果组，每个效果组中又包含多种效果，图10-2所示为扭曲效果组中的效果。

图10-1　　　　　　　　　　　图10-2

在实际应用中，不仅可以使用系统内置的视频效果即软件自带的视频效果，还可以添加外挂视频效果，外挂视频效果为第三方提供的插件特效，一般需要自行安装才可使用。

10.1.2　编辑视频效果

在编辑视频效果之前，需要先将视频效果添加至素材上。用户可以直接将"效果"面板中的视频效果拖曳至"时间轴"面板中的素材上；也可以选中"时间轴"面板中的素材，在"效果"面板中双击要添加的视频效果进行添加。

添加视频效果后，选中添加了视频效果的素材，"效果控件"面板中将出现对应的属性。图10-3所示为添加"高斯模糊"视频效果的"效果控件"面板，用户可以根据需要设置模糊效果。

图10-3

视频效果的应用

Premiere Pro 2024中预设了丰富的视频效果，通过设置这些视频效果可以呈现出不一样的画面质感。下面将对不同的视频效果进行介绍。

10.2.1　变换类视频效果

"变换"视频效果组中的效果可以变换素材，使其产生翻转、羽化等变化。该效果组包括"垂直翻转""水平翻转""羽化边缘""自动重构""裁剪"5种效果。

1. 垂直翻转与水平翻转

"垂直翻转"视频效果可以在垂直方向上翻转素材。图10-4所示为垂直翻转前后效果对比。

图10-4

"水平翻转"视频效果与"垂直翻转"视频效果类似，只是翻转方向变为水平方向。

2. 羽化边缘

"羽化边缘"效果可以虚化素材边缘。

3. 自动重构

"自动重构"效果可以智能识别视频中的动作，并针对不同的长宽比重构视频，该效果多用于序列设置与素材不匹配的情况。图10-5所示为"自动重构"效果的属性参数。添加"自动重构"效果前后效果对比如图10-6所示。

图10-5　　　　　　　　　　　图10-6

提示

> 自动重构后，若对效果不满意，还可在"效果控件"面板中进行调整。

4. 裁剪

"裁剪"效果可以从画面的4个方向向内剪切素材，使其仅保留中心部分的内容。

10.2.2　扭曲类视频效果

"扭曲"视频效果组中的效果可以使素材扭曲变形。该效果组中包括"镜头扭曲""偏移"等12种效果。部分常用效果的作用如下。

1. 镜头扭曲

"镜头扭曲"视频效果可以使素材在水平和垂直方向上发生镜头畸变。添加该效果并调整前后效果对比如图10-7所示。

图10-7

2. 变换

"变换"视频效果类似于素材的固有属性，可以设置素材的位置、大小、角度、不透明度等参数。

3. 旋转扭曲

"旋转扭曲"视频效果可以使对象围绕设置的旋转中心发生旋转变形。添加该效果并调整前后效果对比如图10-8所示。

图10-8

4. 波形变形

"波形变形"视频效果可以模拟出波纹扭曲的动态效果。添加该效果并调整前后效果对比如图10-9所示。

图10-9

5. 边角定位

"边角定位"视频效果可以自定义图像的4个边角位置。添加该效果后在"效果控件"面板中设置4个边角的坐标即可。

6. 镜像

"镜像"视频效果可以根据反射中心和反射角度对称翻转素材，使其产生镜像效果。

10.2.3　实操案例：老式电视机

扭曲类视频效果可以用于制作有趣的显示效果。下面将结合"镜头扭曲""波形变形"等效果制作老式电视机效果。

实　　例	老式电视机
素材位置	配套资源 \ 第10章 \ 实操案例 \ 素材 \ 电视.jpg、狗.mp4

Step01：新建项目，按Ctrl+I组合键导入素材文件，将图像素材拖曳至"时间轴"面板中创建序列，如图10-10所示。

Step02：将V1轨道中的图像素材移动至V2轨道；将视频素材拖曳至V3轨道中，调整图像素材持续时间与视频素材的一致，如图10-11所示。

图10-10

图10-11

Step03：在"效果"面板中搜索"镜头扭曲"效果，并将其拖曳至V3轨道中的素材上，在"效果控件"面板中设置参数，如图10-12所示。效果如图10-13所示。

图10-12

图10-13

Step04：搜索"边角定位"效果，并将其拖曳至V3轨道中的素材上，在"效果控件"面板中设置参数，如图10-14所示。效果如图10-15所示。

图10-14

图10-15

Step05：搜索"波形变形"效果，并将其拖曳至V3轨道中的素材上，在"效果控件"面板中设置参数，如图10-16所示。效果如图10-17所示。

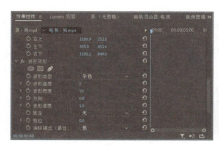

图10-16　　　　　　　　　　　　图10-17

Step06：将V3轨道中的素材移动至V1轨道中，在"效果"面板中搜索"超级键"效果，并将其拖曳至V2轨道中的素材上，在"效果控件"面板中设置"主要颜色"为电视屏幕中的颜色，本案例中吸取的颜色为#AEBABF，如图10-18所示。效果如图10-19所示。

图10-18　　　　　　　　　　　　图10-19

Step07：单击"超级键"选项组中的"创建4点多边形蒙版"按钮█，在"节目"监视器面板中调整蒙版位置，如图10-20所示。

Step08：在"效果控件"面板中设置"蒙版羽化"参数和"蒙版不透明度"参数，如图10-21所示。

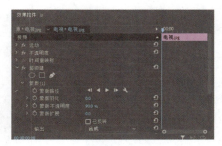

图10-20　　　　　　　　　　　　图10-21

Step09：按Enter键渲染预览，效果如图10-22所示。

图10-22

至此，完成老式电视机效果的制作。

10.2.4　模糊与锐化类视频效果

"模糊与锐化"视频效果组中的效果通过调节素材中图像间的差异，可以模糊图像，使其更加柔化，或锐化图像，使纹理更加清晰。该视频效果组包括"相机模糊""方向模糊""锐化""高斯模糊"等6种效果。下面将对部分常用效果进行介绍。

1. 相机模糊

"相机模糊"效果可以模拟离开相机焦点范围的图像模糊的效果。添加该效果并调整前后效果对比如图10-23所示。用户还可以在"效果控件"面板中设置模糊量自定义模糊效果。

图10-23

2. 方向模糊

"方向模糊"效果可以制作出指定方向上模糊的效果。

3. 锐化

"锐化"效果可以增加图像颜色间的对比度，使图像更清晰。

4. 高斯模糊

"高斯模糊"效果可以弱化图像细节，柔化素材对象，是一种较为常用的模糊效果。

> **提示**
>
> 勾选"重复边缘像素"复选框，可以避免素材边缘缺失。

10.2.5　生成类视频效果

"生成"视频效果组中的效果可以生成一些特殊效果，丰富视频画面内容。该视频效果组包括"四色渐变""渐变""镜头光晕""闪电"4种效果。

1. 四色渐变

"四色渐变"效果可以用4种渐变的颜色覆盖整个画面，用户可以在"效果控件"面板中设置4个颜色点的坐标、颜色、混合等参数。添加该效果并调整前后效果对比如图10-24所示。

图10-24

2. 渐变

"渐变"效果可以在素材画面中添加双色渐变。

3. 镜头光晕

"镜头光晕"效果可以模拟制作出镜头拍摄的强光折射效果。

4. 闪电

"闪电"效果可以模拟制作出闪电的效果。

10.2.6　透视类视频效果

"透视"视频效果组中的效果可以制作空间透视效果。该视频效果组中包括"基本3D"和"投影"两种效果。

1. 基本3D

"基本3D"效果可以模拟平面图像在3D空间中运动的效果，用户可以围绕水平轴、垂直轴旋转或移动素材。添加该效果并调整前后效果对比如图10-25所示。

图10-25

2. 投影

"投影"效果可以制作图像阴影。添加该效果并调整前后效果对比如图10-26所示。

图10-26

10.2.7　风格化类视频效果

"风格化"视频效果组中的效果可以制作艺术化效果，使素材中图像产生独特的艺术风格。该视频效果组中包括"Alpha发光""粗糙边缘""闪光灯""马赛克"等9种效果。下面将对部分常用效果进行介绍。

1. Alpha发光

"Alpha发光"效果可以在蒙版Alpha通道的边缘添加单色或双色过渡的发光效果。添加该效果并调整前后效果对比如图10-27所示。

图10-27

2. 粗糙边缘

"粗糙边缘"效果可以粗糙化素材中图像的边缘。添加该效果并调整前后效果对比如图10-28所示。

图10-28

3. 闪光灯

"闪光灯"效果可以模拟闪光灯制作出播放闪烁的效果。添加该效果后播放视频即可观察到该效果。

4. 马赛克

"马赛克"效果是通过使用纯色矩形填充素材，像素化素材。添加该效果并调整前后效果对比如图10-29所示。用户可以在"效果控件"面板中设置水平和垂直方向上的矩形数量，以调整"马赛克"效果。

图10-29

10.2.8　实操案例：透视光影

在学习常用视频效果之后，使用"轨道遮罩键"和"投影"等效果制作透视光影效果。

实　　例	透视光影
素材位置	配套资源 \ 第10章 \ 实操案例 \ 素材 \ 玻璃划过.mov、配乐.wav

Step01：新建项目和序列；按Ctrl+I组合键，打开"导入"对话框，导入音视频素材文件，如图10-30所示。

Step02：将视频素材拖曳至"时间轴"面板中的V1轨道中，按住Alt键向上拖曳复制至V2轨道中，如图10-31所示。

图10-30

图10-31

Step03：使用矩形工具在"节目"监视器面板中绘制一个矩形，并旋转以调整其位置、形状，效果如图10-32所示；此时V3轨道会自动出现矩形素材，调整矩形素材持续时间与V1、V2轨道中的素材的一致。

Step04：在"效果"面板中搜索"轨道遮罩键"效果，并将其拖曳至V2轨道中的素材上，在"效果控件"面板中设置"缩放"参数的值为120.0%、"遮罩"为轨道3，效果如图10-33所示。

图10-32　　　　　　　　　　　　　　　　　　图10-33

Step05：在"效果"面板中搜索"投影"效果，并将其拖曳至V2轨道中的素材上，在"效果控件"面板中设置参数，如图10-34所示。效果如图10-35所示。

图10-34　　　　　　　　　　　　　　　图10-35

Step06：再次将"投影"效果拖曳至V2轨道中的素材上，在"效果控件"面板中设置参数，如图10-36所示。效果如图10-37所示。

图10-36　　　　　　　　　　　　　　　图10-37

Step07：在"效果"面板中搜索"颜色平衡(HLS)"效果，并将其拖曳至V2轨道中的素材上，在"效果控件"面板中设置参数，如图10-38所示。效果如图10-39所示。

图10-38　　　　　　　　　　图10-39

Step08：在"效果"面板中搜索"变换"效果，并将其拖曳至V3轨道中的素材上，移动播放指示器至00:00:00:00处，在"效果控件"面板中单击"变换"效果中"位置"参数左侧的"切换动画"按钮 ，添加关键帧，调整"位置"参数使矩形向左移出画面，效果如图10-40所示。

Step09：移动播放指示器至00:00:03:00处，调整"位置"参数，Premiere Pro 2024将自动添加关键帧，效果如图10-41所示。

图10-40　　　　　　　　　　　　　　　　图10-41

Step10：移动播放指示器至00:00:04:00处，调整"位置"参数，Premiere Pro 2024将自动添加关键帧，效果如图10-42所示。

Step11：移动播放指示器至00:00:07:00处，调整"位置"参数，将矩形向右移出画面，效果如图10-43所示。

图10-42　　　　　　　　　　　　　　　　图10-43

Step12：选中所有关键帧并右击，在弹出的快捷菜单中执行"临时插值>缓入"和"临时插值>缓出"命令，使矩形运动更加平滑；将音频素材拖曳至A1轨道中，调整其持续时间与V1轨道中的素材的一致，如图10-44所示。

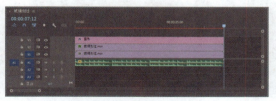

图10-44

Step13：按Enter键渲染入点至出点的效果，渲染完成后在"节目"监视器面板中预览效果，如图10-45所示。至此完成透视光影效果的制作。

图10-45

10.3 案例实战：闭幕时分

　　视频总有闭幕，本案例实战练习制作短视频闭幕效果。综合练习本章的知识点，以熟练掌握和巩固视频效果的应用。下面将对其具体操作和思路进行介绍。

素材位置　配套资源＼第10章＼案例实战＼素材＼配乐.wav、星空.mov、演职人员表.txt

　　Step01：打开Premiere Pro 2024，新建项目和序列；按Ctrl+I组合键，打开"导入"对话框，导入音视频素材文件，如图10-46所示。

　　Step02：将视频素材拖曳至"时间轴"面板中的V1轨道中，选中V1轨道中添加的视频素材，按住Alt键向上拖曳复制至V2轨道中，如图10-47所示。

图10-46　　　　　　　　　　　　图10-47

　　Step03：在"效果"面板中搜索"基本3D"视频效果，并将其拖曳至V2轨道中的素材上；移动播放指示器至00：00：00：00处，在"效果控件"面板中单击"运动"效果的"位置"参数及"基本3D"视频效果的"旋转"和"与图像的距离"参数左侧的"切换动画"按钮 ，添加关键帧，如图10-48所示。

　　Step04：移动播放指示器至00：00：02：00处，调整"运动"效果的"位置"参数、"基本3D"视频效果的"旋转"参数和"与图像的距离"参数，Premiere Pro 2024将自动添加关键帧，如图10-49所示。选中所有关键帧，单击鼠标右键，执行"临时插值>缓入"和"临时插值>缓出"命令，使运动更加平滑。

图10-48　　　　　　　　　　　　图10-49

　　Step05：在"效果"面板中搜索"投影"视频效果，并将其拖曳至V2轨道中的素材上，在"效果控件"面板中设置参数，如图10-50所示。效果如图10-51所示。

　　Step06：再次添加"投影"视频效果至V2轨道中的素材上，并设置参数，如图10-52所示。效果如图10-53所示。

　　Step07：在"时间轴"面板中单击V2轨道中的"切换轨道输出"按钮 ，隐藏V2轨道内容；在"效果"面板中搜索"高斯模糊"视频效果，并将其拖曳至V1轨道中的素材上，移动播放指示器至00：00：00：00处，单击"模糊度"参数左侧的"切换动画"按钮 ，添加关键帧；移动播放指示器至00：00：02：00处，调整"模糊度"参数的值为200.0，Premiere Pro 2024将自动添加关键帧，在"节目"监视器面板中预览效果，如图10-54所示。

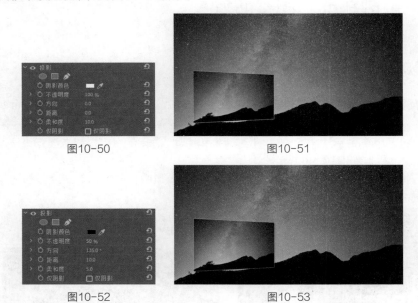

图10-50　　　　　　　　　　图10-51

图10-52　　　　　　　　　　图10-53

Step08：在"效果"面板中搜索"颜色平衡(HLS)"视频效果，并将其拖曳至V1轨道中的素材上，移动播放指示器至00：00：00：00处，单击"饱和度"参数左侧的"切换动画"按钮 ，添加关键帧；移动播放指示器至00：00：02：00处，调整"饱和度"参数的值为-30.0，Premiere Pro 2024将自动添加关键帧，在"节目"监视器面板中预览效果，如图10-55所示。

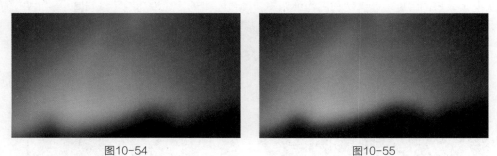

图10-54　　　　　　　　　　图10-55

Step09：选中V2轨道中的视频；打开素材文件"演职人员表.txt"，按Ctrl+A组合键全选，按Ctrl+C组合键复制；切换至Premiere Pro 2024，移动播放指示器至00：00：02：00处，选择文字工具，在"节目"监视器面板中单击显示文本框，按Ctrl+V组合键粘贴复制的文字，如图10-56所示。

Step10：在"基本图形"面板中选中文字图层，设置文字字体、大小等参数，如图10-57、图10-58所示。效果如图10-59所示。

图10-56

图10-57

图10-58

图10-59

Step11：在"基本图形"面板中的空白处单击，取消选中文字图层，勾选"滚动"复选框，然后勾选"启动屏幕外"和"结束屏幕外"复选框，制作滚动字幕效果，如图10-60所示。

图10-60

Step12：在"时间轴"面板中调整文字素材结尾处与V2中的素材结尾处对齐，如图10-61所示。

Step13：将音频素材拖曳至A1轨道中，使用"剃刀工具" 修剪音频素材，使其与V1轨道中的素材的持续时间一致，在"效果"面板中搜索"恒定功率"音频过渡效果，并将其拖曳至A1轨道中的音频素材末端，如图10-62所示。

图10-61

图10-62

Step14：按Enter键渲染预览，效果如图10-63所示。至此完成短视频闭幕效果的制作。

图10-63

10.4　知识拓展

Q 为什么要使用视频效果？

A 在制作短视频时，除了需要对素材进行基本的编辑，还可以为素材添加Premiere Pro 2024预设的视频效果，以增强画面的视觉冲击力，使画面更美观，获得更好的播放效果。

Ⓠ "效果"面板中"视频过渡"和"视频效果"中的"过渡"视频效果组的区别是什么？

Ⓐ "效果"面板中的"视频过渡"主要用于素材之间的连接和转换，以创建连贯的剪辑流和叙事；"视频效果"中的"过渡"视频效果组则包含可以单独应用于某个素材的视觉效果，用于改变或增强视频的视觉特性。

Ⓠ 什么是外挂视频效果？常用的有哪些？

Ⓐ 外挂视频效果是指第三方软件提供的插件特效，一般需要安装才可使用。用户可以通过使用不同的外挂视频效果制作出Premiere Pro 2024不易制作或无法实现的某些特效。常用的Premiere Pro 2024外挂视频效果包括红巨人调色插件、红巨星粒子插件、人像磨皮插件Beauty Box、蓝宝石特效插件系列GenArts Sapphire等，用户可以根据需要安装。

Ⓠ 如何保存自定义的视频效果？

Ⓐ 添加并调整视频效果后，在"效果控件"面板中选择视频效果选项组并右击，在弹出的快捷菜单中执行"保存预设"命令，根据提示完成操作后就可以将其保存在"效果"面板的"预设"效果组中。

Ⓠ 怎么复制效果？

Ⓐ 选中源素材，在"效果控件"面板中选中要复制的效果并右击，在弹出的快捷菜单中执行"复制"命令，然后选中目标素材，在"效果控件"面板中右击，在弹出的快捷菜单中执行"粘贴"命令即可复制效果。如果效果包括关键帧，这些关键帧将从目标素材的起始位置起，出现在目标素材中的对应位置。如果目标素材比源素材短，将在超出目标素材出点的位置添加关键帧。

用户也可以在"时间轴"面板中选中源素材并右击，在弹出的快捷菜单中执行"复制"命令，然后选中目标素材并右击，在弹出的快捷菜单中执行"粘贴属性"命令，打开"粘贴属性"对话框，选择要粘贴的属性，单击"确定"按钮复制效果。

Ⓠ 如何移除应用的视频效果？

Ⓐ 在"效果控件"面板中选择视频效果选项组，按Delete键删除即可。

Ⓠ 视频效果可以组合使用吗？

Ⓐ 同一个素材上可以组合使用多个视频效果，要注意的是，视频效果的应用顺序可能会影响视频最终的视觉结果。

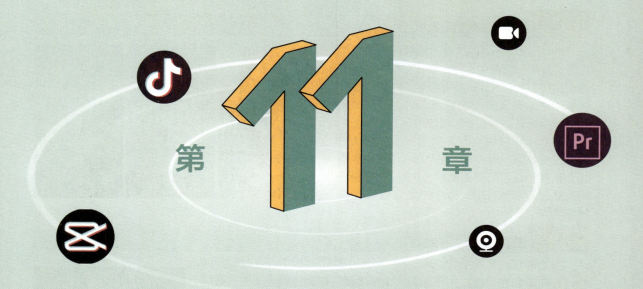

第 11 章

视频过渡效果应用

　　视频过渡是指在短视频制作过程中，从一个镜头切换至另一个镜头所使用的视觉特效，它可以平滑两个画面间的切换，增强视频的流畅性。本章将对短视频中常见的视频过渡效果进行介绍。

11.1　视频过渡效果的添加与编辑

Premiere Pro 2024中预设了多种常用的视频过渡效果，这些视频过渡效果的添加与编辑过程基本一致，下面将对此进行介绍。

11.1.1　添加视频过渡效果

Premiere Pro 2024中的视频过渡效果集中在"效果"面板中，用户在该面板中找到要添加的视频过渡效果，将其拖曳至"时间轴"面板中的素材入点或出点处即可。图11-1所示为应用交叉溶解视频过渡效果。

用户也可以快速为多个素材添加默认的视频过渡效果。在"时间轴"面板中选中要添加默认视频过渡效果的素材，执行"序列>应用默认过渡到选择项"命令或按Shift+D组合键即可。

图11-1

11.1.2　编辑视频过渡效果

添加视频过渡效果后，可以在"效果控件"面板中设置其持续时间、方向等参数。图11-2所示为"油漆飞溅"视频过渡效果的参数选项。其中部分选项的功能介绍如下。

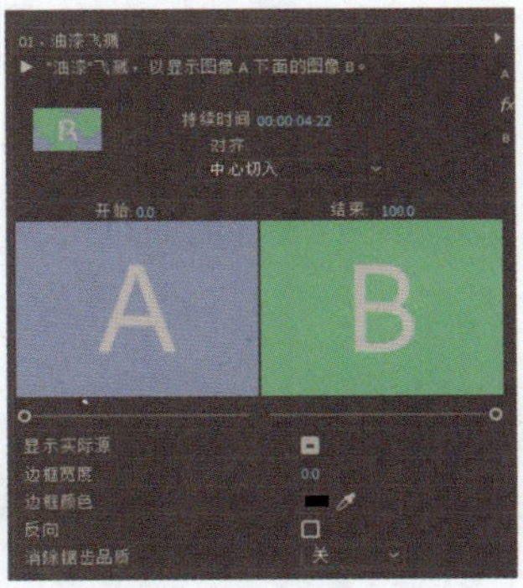

- 持续时间：用于设置视频过渡效果的持续时间，时间越长，过渡越慢。
- 对齐：用于设置视频过渡效果与相邻素材片段的对齐方式，包括中心切入、起点切入、终点切入和自定义切入4个选项。
- 开始：用于设置视频过渡开始时的效果，默认值为0.0，表示将从整个视频过渡效果的开始位置进行过渡；若将该参数值设置为10.0，则表示从整个视频过渡效果的10%位置开始过渡。
- 结束：用于设置视频过渡结束时的效果，默认值为100.0，表示将在整个视频过渡效果的结束位置完成过渡；若将该参数值设置为90.0，则表示视频过渡效果结束时，视频过渡只是完成了整个视频过渡效果的90%。

图11-2

- 显示实际源：勾选该复选框，可在"效果控件"面板中的预览区中显示素材的实际效果。
- 边框宽度：用于设置视频过渡过程中形成的边框的宽度。
- 边框颜色：用于设置视频过渡过程中形成的边框的颜色。
- 反向：勾选该复选框，将反向完成视频过渡效果。

> **提示**
>
> 不同的视频过渡效果在"效果控件"面板中的选项也略有不同，在使用时根据实际参数设置即可。

11.1.3　实操案例：故事的开始

视频过渡效果在短视频中的应用非常广泛，下面将结合视频过渡效果的添加与编辑等知识，介绍短视频开场效果的制作。

实　　例	故事的开始
素材位置	配套资源 \ 第11章 \ 实操案例 \ 素材 \ 滑板.mp4

Step01：新建项目和序列，导入素材文件"滑板.mp4"，如图11-3所示。

Step02：单击"项目"面板中的"新建项"按钮，在弹出的快捷菜单中执行"黑场视频"命令，打开"新建黑场视频"对话框，保持默认设置，然后单击"确定"按钮，新建黑场视频素材，效果如图11-4所示。

图11-3　　　　　　　　　　　　　　　　　　图11-4

Step03：选中"滑板.mp4"素材，将其拖曳至"时间轴"面板中的V1轨道中，在"效果"面板中搜索"亮度波形"效果，将其拖曳至该素材上，在"效果控件"面板中设置"亮度波形"效果参数，提亮画面，如图11-5所示。设置完成后在"节目"监视器面板中预览效果，如图11-6所示。

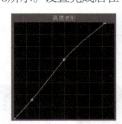

图11-5　　　　　　　　　图11-6

Step04：选择黑场视频素材，将其拖曳至"时间轴"面板中的V4轨道中，设置持续时间为00：00：03：00，如图11-7所示。

Step05：在"效果"面板中搜索"拆分"视频过渡效果，将其拖曳至V4轨道素材末端，添加视频过渡效果，选中添加的"拆分"视频过渡效果，在"效果控件"面板中设置"方向"为"垂直"，并调整"持续时间"为00：00：03：00，如图11-8所示。

图11-7　　　　　　　　　　　图11-8

Step06：使用相同的方法，继续在V4轨道中添加黑场视频素材，在其起始处添加"拆分"视频过渡效果，在"效果控件"面板中设置方向为"垂直"，调整"持续时间"为00：00：03：00，勾选"反向"复选框，如图11-9所示。

Step07：在"基本图形"面板中单击"新建图层"按钮，在弹出的快捷菜单中执行"矩形"命令，新建矩形；此时"时间轴"面板中将自动出现矩形素材，调整其持续时间与V1轨道中的素材的一致，如图11-10所示。

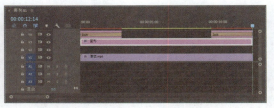

图11-9　　　　　　　　　　　　　　　图11-10

Step08：在"节目"监视器面板中预览矩形，如图11-11所示。

Step09：使用"选择工具"▶选中并调整矩形的大小与位置；在"基本图形"面板中选中"形状01"图层，单击鼠标右键，在弹出的快捷菜单中执行第2个"复制"命令，复制形状，使用"选择工具"▶调整其位置，效果如图11-12所示。

图11-11　　　　　　　　　　　　　　图11-12

Step10：移动播放指示器至00：00：01：00处，选择"文字工具"**T**，在"节目"监视器面板中单击并输入文字，在"基本图形"面板中设置参数，如图11-13所示；在"节目"监视器面板中预览效果，如图11-14所示；在"时间轴"面板中调整其持续时间为3秒。

图11-13　　　　　　　　　　　　　　图11-14

Step11：在"效果"面板中搜索"交叉溶解"视频过渡效果，将其拖曳至文字素材的起始处和末端，如图11-15所示。

Step12：选中V2轨道中的文字素材，按住Alt键向后拖曳复制，设置其持续时间为00：00：05：00，使用"文字工具"**T**修改文字内容，在"基本图形"面板中设置其与画面垂直居中对齐、水平居中对齐、"切换动画的比例"为77，在"节目"监视器面板中预览效果，如图11-16所示。

图11-15　　　　　　　　　　　　　　图11-16

Step13：继续复制文字素材，调整其持续时间为00：00：03：15，使用"文字工具" **T** 修改文字内容，在"基本图形"面板中设置其与画面垂直居中对齐、水平居中对齐、"切换动画的比例"为77，在"节目"监视器面板中预览效果，如图11-17所示。至此，完成短视频开场效果的制作。

Step14：移动播放指示器至初始位置，按空格键播放，效果如图11-18所示。

图11-17

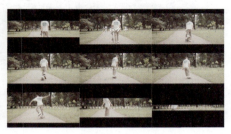
图11-18

11.2 视频过渡效果的应用

Premiere Pro 2024中内置8组预设的视频过渡效果，包括内滑划像、擦除、溶解、缩放、过时和页面剥落等，可以满足用户不同的转场需求。下面将对其中较为常用的视频过渡效果进行介绍。

11.2.1 内滑类视频过渡效果

内滑类视频过渡效果可以通过滑动画面来切换素材，包括"急摇""带状内滑""中心拆分""内滑""推""拆分"6种视频过渡效果。下面将对常用内滑类视频过渡效果进行介绍。

1. 带状内滑

"带状内滑"视频过渡效果是将素材B拆分为带状，从画面两端向画面中心滑动直至合并为完整图像并完全覆盖素材A，如图11-19所示。

图11-19

选中"时间轴"面板中添加的"带状内滑"视频过渡效果，在"效果控件"面板中可以对其方向、带数量等进行设置。

2. 中心拆分

"中心拆分"视频过渡效果可以将素材A从中心分为4个部分，这4个部分分别向四角滑动直至完全显示素材B。

3. 推

"推"视频过渡效果是将素材A和素材B并排向画面一侧推动，直至素材A完全消失，素材B完全显示，如图11-20所示。

图11-20

4．内滑

"内滑"视频过渡效果中素材B将从画面一侧滑动至画面中，直至完全覆盖素材A。

5．拆分

"拆分"视频过渡效果中素材A将被平分为两个部分，并分别向画面两侧滑动直至完全消失，显示出素材B。

11.2.2　划像类视频过渡效果

划像类视频过渡效果主要通过分割画面来切换素材，包括"交叉划像""盒形划像""圆形划像""菱形划像"4种效果。部分常用划像类视频过渡效果介绍如下。

1．盒形划像

"盒形划像"视频过渡效果可以将素材B以盒形出现并向四周扩展，直至充满整个画面并完全覆盖素材A，如图11-21所示。

图11-21

2．圆形划像

"圆形划像"视频过渡效果可以将素材B以圆形出现并向四周扩展，直至充满整个画面并完全覆盖素材A。

11.2.3　擦除类视频过渡效果

擦除类视频过渡效果主要通过擦除素材的方式来切换素材，包括17种视频过渡效果。下面将对部分常用擦除类视频过渡效果进行介绍。

1．带状擦除

"带状擦除"视频过渡效果可以从画面两侧呈带状擦除素材A，直至完全显示素材B，如图11-22所示。

2．油漆飞溅

"油漆飞溅"视频过渡效果可以将素材A以泼墨的形式擦除，直至完全显示素材B，如图11-23所示。

3．百叶窗

"百叶窗"视频过渡效果将模拟百叶窗开合，擦除素材A，显示素材B。

图11-22

图11-23

11.2.4　溶解类视频过渡效果

溶解类视频过渡效果主要通过使素材溶解、淡化的方式切换素材，包括"叠加溶解""黑场过渡""白场过渡"等7种视频过渡效果。部分常用溶解类视频过渡效果介绍如下。

1. 叠加溶解

"叠加溶解"视频过渡效果可以将素材A和素材B以亮度叠加的方式相互融合，素材A逐渐变亮的同时慢慢显示出素材B，从而切换素材，如图11-24所示。

图11-24

2. 胶片溶解

"胶片溶解"视频过渡效果是混合在线性色彩空间中的溶解类视频过渡效果（灰度系数为1.0），如图11-25所示。

图11-25

3. 非叠加溶解

"非叠加溶解"视频过渡效果可以令素材A暗部至亮部依次消失，素材B亮部至暗部依次出现，从而切换素材。

图11-26

4. 交叉溶解

"交叉溶解"视频过渡效果可以在淡出素材A的同时淡入素材B，从而切换素材，如图11-26所示。

5. 白场过渡

"白场过渡"视频过渡效果可以将素材A淡化到白色，然后从白色淡化到素材B。

6. 黑场过渡

"黑场过渡"视频过渡效果与"白场过渡"类似，仅将淡化到白色变为淡化到黑色。

11.2.5   缩放类视频过渡效果

缩放类视频过渡效果只有"交叉缩放"一种，该视频过渡效果通过缩放图像来切换素材。在使用时，素材A将被放大至无限大，素材B将从无限大缩放至原始比例，从而切换素材，如图11-27所示。

图11-27

11.2.6   页面剥落类视频过渡效果

页面剥落类视频过渡效果可以模拟翻页或者页面剥落的效果，从而切换素材，包括"页面剥落"和"翻页"两种视频过渡效果。

1. 页面剥落

"页面剥落"视频过渡效果可以模拟翻页的效果，其中素材A将卷曲并留下阴影直至完全显示出素材B，如图11-28所示。

图11-28

2．翻页

"翻页"视频过渡效果可以将素材A以页角翻折的方式逐渐消失，直至完全显示出素材B，如图11-29所示。

图11-29

11.2.7 实操案例：电子相册

视频过渡效果可以将不同类型的图像很好地结合，使之动态呈现。下面将结合视频过渡效果制作图片集切换动效。

实　　例	电子相册
素材位置	配套资源 \ 第11章 \ 实操案例 \ 素材 \ 风景1.jpg~风景10.jpg、配乐.wav

Step01：新建项目，导入素材文件；选中图像素材并将其拖曳至"时间轴"面板中，Premiere Pro 2024将根据图像素材自动创建序列，如图11-30所示。

Step02：在"效果"面板中搜索"黑场过渡"视频过渡效果，并将其拖曳至"时间轴"面板中V1轨道中的第1段图像素材的起始处，添加视频过渡效果，如图11-31所示。

图11-30　　　　　　　　　　　　　　　　图11-31

Step03：选择添加的"黑场过渡"视频过渡效果，在"效果控件"面板中设置"持续时间"为2秒，使过渡更加缓慢，如图11-32所示。

Step04：使用相同的方法，在V1轨道中的第10段图像素材末端添加"黑场过渡"视频过渡效果，并调整持续时间为2秒，如图11-33所示。

图11-32　　　　　　　　　　　　　　　　图11-33

Step05：在"效果控件"面板中搜索"交叉溶解"视频过渡效果，并将其拖曳至"时间轴"面板中V1轨道中的第1段图像素材和第2段图像素材之间，如图11-34所示。

Step06：选中添加的"交叉溶解"视频过渡效果，在"效果控件"面板中设置其"持续时间"为2秒，"对齐"为中心切入，如图11-35所示。

图11-34　　　　　　　　　　　　　　　　　　图11-35

Step07：选中"时间轴"面板中添加的"交叉溶解"视频过渡效果，按Ctrl+C组合键复制，将鼠标指针移动至第2段和第3段图像素材之间然后单击，再按Ctrl+V组合键粘贴复制的视频过渡效果，如图11-36所示。

Step08：使用相同的方法，继续复制、粘贴"交叉溶解"视频过渡效果，完成后如图11-37所示。

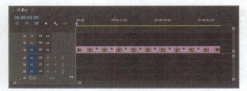

图11-36　　　　　　　　　　　　　　　　　　图11-37

Step09：选择"配乐.wav"素材，将其拖曳至"时间轴"面板中的A1轨道中，单击鼠标右键，在弹出的快捷菜单中执行"速度/持续时间"命令，打开"剪辑速度/持续时间"对话框，设置"持续时间"为00：00：50：00，勾选"保持音频音调"复选框，单击"确定"按钮，设置音频持续时间与V1轨道中素材的一致，如图11-38所示。至此，完成电子相册的制作。

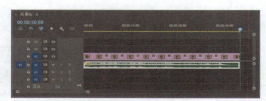

图11-38

Step10：移动播放指示器至初始位置，按空格键播放，效果如图11-39所示。

图11-39

11.3　案例实战："橙心橙意"宣传短片

制作宣传短片时，可以通过视频过渡效果平滑各素材间的切换，使宣传短片流畅、自然。下面将结合"交叉溶解""黑场过渡"等视频过渡效果制作"橙心橙意"宣传短片。

素材位置	配套资源＼第11章＼案例实战＼素材＼橙1.jpg~橙3.jpg、橙4.mp4、橙5.mov、配乐.wav

Step01：新建项目，按Ctrl+I组合键导入素材文件，并将素材按照序号依次拖曳至"时间轴"面板中创建序列，如图11-40所示。

Step02：选中第4段素材并右击，在弹出的快捷菜单中执行"取消链接"命令，取消音视频链接，并删除音频，如图11-41所示。

Step03：移动播放指示器至00:00:20:00处，使用"剃刀工具" 裁切素材，并删除裁切素材的右侧部分，如图11-42所示。

Step04：使用相同的方法在00:00:30:00处裁切素材，并删除裁切素材的右侧部分，如图11-43所示。

图11-40

图11-41

图11-42

图11-43

Step05：展开"Lumetri颜色"面板中的"色轮和匹配"选项组，单击"比较视图" 按钮，在"节目"监视器面板中设置参考，如图11-44所示。

Step06：单击"Lumetri颜色"面板的"色轮和匹配"选项组中的"应用匹配"按钮，应用匹配效果，如图11-45所示。

Step07：单击"节目"监视器面板中的"比较视图"按钮 切换至单一视图；移动播放指示器至00:00:05:00处，选中第2段素材，在"效果控件"面板中设置"位置"参数的值为(1148.0,640.0)，"缩放"参数的值为120.0，并添加关键帧，如图11-46所示。

Step08：移动播放指示器至00:00:09:24处，单击"位置"和"缩放"参数右侧的"重置参数"按钮 ，Premiere Pro 2024将自动重置参数为初始状态并添加关键帧，如图11-47所示。

图11-44　　　　　　　　　　　　图11-45

图11-46　　　　　　　　　　　　图11-47

Step09：移动播放指示器至00:00:10:00处，选中第3段素材，在"效果控件"面板中为"位置"和"缩放"参数添加关键帧，如图11-48所示。

Step10：移动播放指示器至00:00:14:24处，更改"位置"参数的值为(1036.0,540.0)，"缩放"参数的值为120.0，Premiere Pro 2024将自动添加关键帧，如图11-49所示。

Step11：在"效果"面板中搜索"交叉溶解"视频过渡效果，将其拖曳至素材之间，如图11-50所示。

Step12：依次调整视频过渡效果的持续时间为1秒10帧，如图11-51所示。

图11-48　　　　　　　　　　　　图11-49

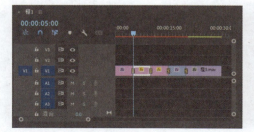

图11-50　　　　　　　　　　　　图11-51

Step13：在"效果"面板中搜索"黑场过渡"视频过渡效果，将其拖曳至V1轨道中的素材入点和出点处，如图11-52所示。

Step14：移动播放指示器至00:00:01:00处，使用文字工具，在"节目"监视器面板中单击并输入文字，如图11-53所示。

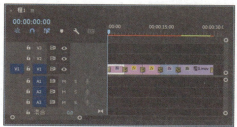

图11-52　　　　　　　　　　　　　　　　　图11-53

Step15：选中输入的文字，在"效果控件"面板中设置文字字体、大小等参数，其中"描边"的颜色为#E36800，"阴影"的颜色为#693B22，如图11-54所示。

图11-54

确保设置的文字大小可以保证后续复制并更改的每一段文字不超出画面。

Step16：在"基本图形"面板中调整文字与画面垂直居中对齐，效果如图11-55所示。

Step17：在"时间轴"面板中调整文字素材的持续时间为3秒，如图11-56所示。

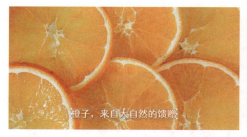

图11-55　　　　　　　　　　　　　　　　　图11-56

Step18：选中文字素材，按住Alt键并向右拖曳复制，如图11-57所示；在"节目"监视器面板中更改文字内容，如图11-58所示。

Step19：使用相同的方法，继续复制文字素材并更改文字内容，如图11-59、图11-60所示。

图11-57

图11-58

图11-59

图11-60

提示

文字内容依次为"橙子，来自大自然的馈赠""在阳光的恩赐下，自然孕育了这颗颗饱满的礼物""纯净的色泽，是大自然对每一个生命的承诺""每一刀的切割，都是为了展现其最真实的味道""无论是切片还是切块""每一口都是满满的生命力和活力"。用户也可以自行设计文案。

Step20：选中"效果"面板中的"交叉溶解"视频过渡效果，右击并执行"将所选过渡设置为默认过渡"命令，将其设置为默认过渡；选中V2轨道中的素材，执行"序列>应用默认过渡到选择项"命令添加默认的视频过渡效果，并将添加的视频过渡效果持续时间调整为10帧，如图11-61、图11-62所示。

图11-61

图11-62

Step21：将音频素材添加至A1轨道，在00:00:30:00处裁切素材并删除右侧部分，如图11-63所示。

Step22：在"效果"面板中搜索"恒定功率"音频过渡效果，将其拖曳至音频素材出点处，并调整其持续时间为2秒，如图11-64所示。

图11-63

图11-64

Step23：按Enter键渲染预览，效果如图11-65所示。

图11-65

至此完成"橙心橙意"宣传短片的制作。

11.4　知识拓展

Q 怎么设置默认过渡效果？

A 在"效果"面板中选中要设置为默认的视频过渡效果并右击，在弹出的快捷菜单中执行"将所选过渡设置为默认过渡"命令即可。

Q 怎么同时为多个剪辑应用默认视频过渡效果？

A 在为多个素材添加视频过渡效果时，若想添加相同的视频过渡效果，可以通过设置默认视频过渡效果并应用来快速操作。选中"时间轴"面板中要添加默认视频过渡效果的素材，执行"序列>应用默认过渡到选择项"命令即可。

Q 怎么调整过渡中心的位置？

A 应用视频过渡效果时，部分视频过渡效果具有可调节的过渡中心，如圆划像等。用户可以在"效果控件"面板中打开过渡，在预览区域中拖动小圆形中心来调整过渡中心的位置。

Q 怎么更改视频过渡效果默认的持续时间？

A 执行"编辑>首选项>时间轴"命令，打开"首选项"对话框中的"时间轴"选项卡，在该选项卡中设置视频过渡效果默认持续时间、音频过渡效果默认持续时间等参数，设置完成后单击"确定"按钮即可。要注意的是，新的设置不会影响现有的过渡效果。

Q 视频过渡效果越多越好吗？

A 并不是。视频过渡效果的主要作用是使画面间的切换更加自然，当素材本身衔接自然时，过多的视频过渡效果反而会成为累赘。用户在剪辑素材时，要根据需要添加合适的视频过渡效果，而不是为了添加而添加。

Q　视频过渡效果是否会影响原始素材的质量？

A　视频过渡效果不会降低原始素材质量，但如果过度压缩输出文件或设置不当可能导致画质下降。此外，一些复杂的视频过渡效果可能会增加渲染负担，影响工作效率。

Q　视频过渡效果能否被嵌套序列使用？

A　可以。在嵌套序列中同样可以应用和编辑视频过渡效果，而且这些视频过渡效果在主时间线上会正常呈现。

Q　如果在过渡过程中出现画面撕裂或跳帧现象怎么办？

A　这种现象可能是源素材帧率不匹配或系统性能不足引起的。解决方案包括确保所有剪辑有相同的帧速率、优化项目设置、提升渲染质量，或者升级硬件以提高性能。

第 12 章

短视频特效案例

本章精心设计 6 个实战案例：文字穿越、文字擦除、动感分屏、门外的风景、故障分离转场及进度条动画。本章将通过这 6 个案例，细致探讨不同软件及不同类型短视频的制作流程和操作技巧，通过实际操作的方式，加深对前文内容的理解，实现理论到实践的跨越。

12.1 文字穿越

在短视频创作中，文字特效十分常见，而且文字特效的种类繁多，下面通过抠像、关键帧、设置透明度等技巧制作文字穿越特效。

实　例	文字穿越
素材位置	配套资源 \ 第12章 \ 素材 \ 可爱的小鸟.mp4

Step01：在剪映专业版中导入视频素材，并将视频素材添加至轨道；保持时间轴位于轨道的最左侧，在素材区中打开"文本"选项卡，添加"默认文本"素材，如图12-1所示。

Step02：保持文本素材为选中状态，在功能区中打开"文本"面板，在"基础"选项卡中修改字幕内容、设置字体为"江西拙楷2.0"、字间距为"2"，设置"缩放"为"222%"，以适当放大字幕，如图12-2所示。

图12-1　　　　　　　　　　　　　　　　　图12-2

Step03：在时间线窗口中拖动文本素材右侧边缘，使其结束位置与主轨道中视频素材的结束位置对齐，如图12-3所示。

Step04：选中主轨道中的视频素材，按Ctrl+C进行复制，按Ctrl+V进行粘贴，在其上方的轨道中复制一份视频素材，如图12-4所示。

图12-3　　　　　　　　　　　　　　　　　图12-4

Step05：将复制的视频素材向文本轨道上方拖动，使其位于文本素材上方，如图12-5所示。

Step06：保持上方轨道中的视频素材为选中状态，在功能区中的"画面"面板内打开"抠像"选项卡；勾选"自定义抠像"复选框，随后单击"智能画笔"按钮，将鼠标指针移动至画面中的小鸟上方，按住鼠标左键进行涂抹，如图12-6所示。

图12-5　　　　　　　　　　　　　　　　　图12-6

Step07：剪映随即自动识别出画面的主体（小鸟）并进行抠像处理，如图12-7所示。

Step08：自定义抠像处理完成后，单击"应用效果"按钮，此时"小鸟"的层级位于所有素材的最上方，所以小鸟可以遮盖下方的文字，如图12-8所示。

图12-7　　　　　　　　　　　　　　　　　　图12-8

Step09：保持最上方的视频素材为选中状态，将时间轴移动至轨道的最左侧；在功能区中打开"画面"面板，在"基础"选项卡中单击"不透明度"参数右侧的关键帧按钮，保持"不透明度"参数的值为"100%"，如图12-9所示。

Step10：将时间轴移动至00:00:03:00时间点，再次为"不透明度"参数添加关键帧，并设置"不透明度"参数值为"0%"，如图12-10所示。至此完成文字穿越特效的制作。

图12-9　　　　　　　　　　　　　　　　　　图12-10

Step11：预览视频，查看文字穿越物体的效果，如图12-11所示。

图12-11

12.2　文字擦除

文字擦除特效是一种随着视频画面中主体的移动，文字逐渐被擦除的效果。下面将使用动画、蒙版、关键帧等技巧制作文字擦除特效。

实　　例	文字擦除
素材位置	配套资源 \ 第12章 \ 素材 \ 骑自行车.mp4

　　Step01：在剪映专业版中导入视频素材，并将素材添加至轨道；将时间轴移动至轨道最左侧，在素材区中打开"文本"选项卡，添加"默认文本"素材，如图12-12所示。

　　Step02：拖动文本素材右侧边缘，调整文本素材的时长与主轨道中的视频素材的相同，如图12-13所示。

图12-12　　　　　　　　　　　　　　　　　图12-13

　　Step03：保持文本素材为选中状态，在功能区中打开"文本"面板，在"基础"选项卡中输入文字内容，设置字体为"思源黑体粗"、字间距为"1"，选择一个合适的预设样式，如图12-14所示。

　　Step04：设置文字的"缩放"值为"55%"，以适当缩小字幕，设置"位置"的Y值为"176"，如图12-15所示。

图12-14　　　　　　　　　　　　　　　　　图12-15

　　Step05：切换到"动画"面板，在"入场"选项卡中选择"缩小"选项，如图12-16所示。

　　Step06：复制主轨道中的视频素材，并将复制的视频素材拖动至文本轨道的上方，使其位于最上方，如图12-17所示。

图12-16　　　　　　　　　　　　　　　　　图12-17

　　Step07：保持最上方轨道中的视频素材为选中状态，将时间轴移动至00：00：00：22时间点，单击"向左裁剪"按钮，删除时间轴左侧的视频素材，如图12-18所示。

图12-18

Step08：在功能区的"画面"面板内打开"蒙版"选项卡，单击"线性"按钮，如图12-19所示。

Step09：在播放器窗口中拖动按钮 ，将蒙版旋转"-90°"，如图12-20所示。

Step10：向左拖动蒙版中的白色实线，至下一层的文本全部显示出来时停止，如图12-21所示。

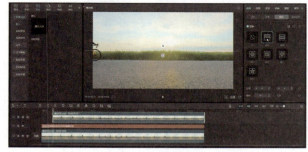

图12-19

图12-20

图12-21

Step11：保持时间轴位于最上方轨道中视频素材的起始位置，且该视频素材为选中状态，在"蒙版"选项卡中单击"位置"参数右侧的关键帧按钮，如图12-22所示。

Step12：将时间轴移动至00:00:04:22时间点，在播放器窗口中向右拖动蒙版的白色实线，至下层文字全部消失时停止，随后在"蒙版"选项卡中单击"位置"参数右侧的关键帧按钮，如图12-23所示。至此完成文字擦除特效的制作。

图12-22

图12-23

Step13：预览视频，查看视频中的文字随着画面中骑自行车的人物的运动逐渐被擦除的效果，如图12-24所示。

图12-24

12.3 动感分屏

为视频添加不同的分屏特效，并设置音乐卡点可以制作出律动很强的转场效果。下面将介绍具体操作步骤。

实　　例	动感分屏
素材位置	配套资源＼第12章＼素材＼奔跑的小老虎.mp4、卡点音乐.mp3

Step01：在剪映专业版中导入视频和音频素材，并将素材添加至轨道，如图12-25所示。

Step02：将时间轴移动至视频素材的结束位置，选中音频素材，单击"向右裁剪"按钮，将音频素材的时长设置为与视频素材的相同，如图12-26所示。

图12-25　　　　　　　　　　　　　　　　图12-26

Step03：单击"自动踩点"按钮，在展开的下拉列表中选择"踩节拍Ⅰ"选项，如图12-27所示。音频素材中随即自动添加踩点标记，如图12-28所示。

图12-27　　　　　　　　　　　　　　　　图12-28

Step04：将鼠标指针移动至音频素材右侧边缘的圆形控制点上，当鼠标指针变成双向箭头时按住鼠标左键并拖动，设置背景音乐的淡出时长为"1.0s"，如图12-29所示。

Step05：将时间轴移动到音频素材的第一个踩点标记位置，打开"特效"选项卡，在"画面特效"分组中选择"分屏"选项，随后添加"两屏"特效，如图12-30所示。

图12-29　　　　　　　　　　　　　　　　图12-30

Step06：将鼠标指针移动至"两屏"特效的右侧边缘处，当鼠标指针变成◀▶形状时按住鼠标左键并向左拖动，使其结束位置与音频素材上的第二个踩点标记对齐，如图12-31所示。

Step07：将时间轴移动至音频素材上的第二个踩点标记位置，添加"三屏"特效，并设置特效的结束位置与第三个踩点标记对齐，如图12-32所示。

图12-31　　　　　　　　　　　　　图12-32

Step08：参照上述步骤添加"四屏""六屏""九屏""九屏跑马灯"特效，并设置好特效时长；最后将"九屏跑马灯"特效的结束位置与视频的结束位置对齐，如图12-33所示。

Step09：将时间轴移动至轨道的最左侧，在"画面特效"分组中选择"氛围"选项，随后添加"星火"特效，如图12-34所示。

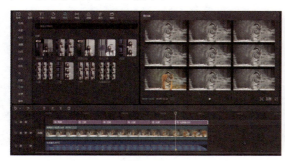

图12-33　　　　　　　　　　　　　图12-34

Step10：设置"星火"特效的时长与视频素材的时长相同，如图12-35所示。

图12-35

Step11：切换到"滤镜"选项卡，在"滤镜库"分组中选择"影视级"选项，添加"自由"滤镜，并设置滤镜时长与视频素材的相同，如图12-36所示。

图12-36

Step12：预览视频，查看视频由一屏变为多屏的动感分屏效果，如图12-37所示。

图12-37

至此完成动感分屏效果的制作。

12.4 门外的风景

抠像效果可以便捷地合成视频内容，创造出不一样的视频效果。下面将结合关键帧动画、抠像效果等制作门外的风景效果。

实　　例	门外的风景
素材位置	配套资源 \ 第12章 \ 素材 \ 门.mp4、山.jpg

Step01：打开Premiere Pro 2024，新建项目和序列，导入素材文件，如图12-38所示。

Step02：将"门.mp4"素材拖曳至"时间轴"面板中的V2轨道中，如图12-39所示。

图12-38

图12-39

Step03：在"效果"面板中搜索"超级键"效果，并将其拖曳至V2轨道中的素材上，在"效果控件"面板中设置"主要颜色"为画面中的绿色，如图12-40所示。效果如图12-41所示。

图12-40

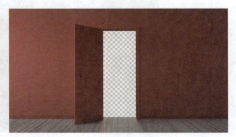

图12-41

Step04：将图片素材拖曳至"时间轴"面板中的V1轨道中，调整持续时间为8秒，如图12-42所示。

Step05：移动播放指示器至00：00：00：21处，选中V1轨道中的图片素材，在"效果控件"面板中单击"缩放"参数左侧的"切换动画"按钮，添加关键帧；移动播放指示器至00：00：08：00处，更改"缩放"参数的值为"196.0"，Premiere Pro 2024将自动添加关键帧，如图12-43所示。

图12-42

图12-43

Step06：按Enter键渲染预览，效果如图12-44所示。

图12-44

至此完成门外的风景效果的制作。

12.5　故障分离转场

故障分离可以模拟视频故障，制作一种较为有趣的视觉效果。下面将结合调整图层、波形变形等制作故障分离转场效果。

实　　例	故障分离转场
素材位置	配套资源 \ 第12章 \ 素材 \ 西红柿.mov、切西红柿.mp4、故障.wav

Step01：打开Premiere Pro 2024新建项目和序列，导入音视频素材文件，如图12-45所示。

Step02：将"西红柿.mov"素材拖曳至V1轨道中，在00：00：02：00处裁切素材，并删除右侧部分，如图12-46所示。

Step03：将"切西红柿.mp4"素材拖曳至V1轨道中的素材出点处，如图12-47所示。

Step04：选中V1轨道中的第2段素材，单击鼠标右键，在弹出的快捷菜单中执行"速度/持续时间"命令，打开"剪辑速度/持续时间"对话框，设置"持续时间"为20秒，如图12-48所示。完成后单击"确定"按钮。

Step05：将音频素材拖曳至V1轨道中的两个素材之间，在00：00：02：09处裁切素材并删除右侧没有音频信息的素材，如图12-49所示。

图12-45　　　　　　　　　　图12-46

图12-47　　　　图12-48　　　　图12-49

Step06：新建调整图层，并将其添加至V2轨道，调整图层的持续时间与A1轨道中素材的一致，如图12-50所示。

Step07：在"效果"面板中搜索"颜色平衡（RGB）"效果，并将其拖曳至V2轨道中的素材上，在"效果控件"面板中设置"混合模式"为"滤色"，"红色"参数的值为100、"绿色"和"蓝色"参数的值为0，如图12-51所示。

图12-50　　　　　　　　　　图12-51

此时"节目"监视器面板中效果如图12-52所示。

Step08：选中V2轨道中的素材，按住Alt键向上拖曳复制，并设置"位置"参数的值为(940.0，520.0)、"绿色"参数的值为100、"红色"和"蓝色"参数的值为0，如图12-53所示。

图12-52　　　　　　　　　　图12-53

Step09：复制V2轨道中的素材至V4轨道，并设置"位置"参数的值为(980.0，560.0)、"蓝色"参数的值为100、"红色"和"绿色"参数的值为0，如图12-54所示。

此时"节目"监视器面板中效果如图12-55所示。

图12-54　　　　　　　　　　　　　图12-55

Step10：复制V2轨道中的素材至V5轨道，并设置"混合模式"为"正常"，删除"颜色平衡（RGB）"效果；在"效果"面板中搜索"波形变形"效果，并将其拖曳至V5轨道中的素材上，如图12-56所示。

Step11：播放指示器移动至00:00:01:16处，在"效果控件"面板中设置参数，如图12-57所示。

图12-56　　　　　　　　　　　　　图12-57

此时"节目"监视器面板中效果如图12-58所示。

Step12：按Enter键渲染预览，效果如图12-59所示。

图12-58　　　　　　　　　　　　　图12-59

至此完成故障分离转场效果的制作。

 进度条动画

进度条常用于短视频开头，给观众带来一种有趣的体验。下面将结合关键帧动画、视频特效等制作进度条动画。

实　　例	进度条动画
素材位置	配套资源 \ 第12章 \ 素材 \ 企鹅.png

Step01：打开Premiere Pro 2024，新建项目和序列，导入素材文件，如图12-60所示。

Step02：新建颜色为#F4FFFF的颜色遮罩素材和透明视频素材，如图12-61所示。

Step03：将颜色遮罩素材拖曳至"时间轴"面板V1轨道中，如图12-62所示。

Step04：单击"基本图形"面板"编辑"选项卡中的"新建图层"按钮■，在弹出的快捷菜单中执行"矩形"命令，"节目"监视器面板中将自动出现矩形，如图12-63所示。

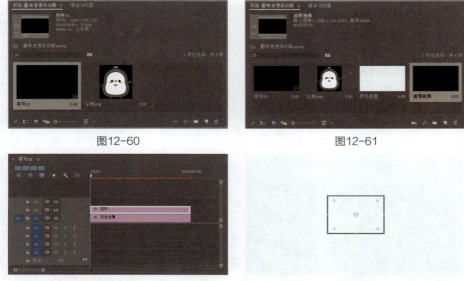

图12-60　　　　　　　　　　　　　　　　图12-61

图12-62　　　　　　　　　　　　　　　　图12-63

Step05：在"节目"监视器面板中调整矩形形状，如图12-64所示。

Step06：在"基本图形"面板中设置矩形角半径为"50.0"，并设置描边，如图12-65所示。效果如图12-66所示。

图12-64　　　　　　　　　图12-65　　　　　　　　　图12-66

> **提示**
>
> 角半径参数根据绘制的矩形大小确定，保证两端为半圆即可。

Step07：选中"时间轴"面板中的图形素材，按住Alt键向上拖曳复制，在"基本图形"面板中勾选"填充"复选框，取消勾选"描边"复选框，如图12-67所示。效果如图12-68所示。

Step08：移动播放指示器至00:00:04:00处，选中V3轨道中复制的素材，在"效果控件"面板中单击"路径"参数左侧的"切换动画"按钮■，添加关键帧；移动播放指示器至00:00:00:00处，在"节目"监视器面板中双击素材，显示其控制框，并调整素材形状，如图12-69所示。

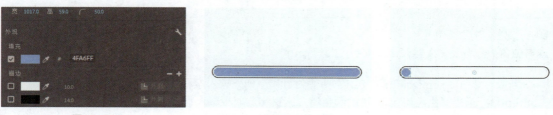

图12-67　　　　　　　　　图12-68　　　　　　　　　图12-69

Premiere Pro 2024将自动添加关键帧，如图12-70所示。

Step09：将"企鹅.png"素材拖曳至V4轨道中，在"效果控件"面板中设置参数，如图12-71所示。效果如图12-72所示。

Step10：为"位置"参数添加关键帧。移动播放指示器至00:00:04:00处，选中企鹅图形向右移动，如图12-73所示，Premiere Pro 2024将自动添加关键帧。

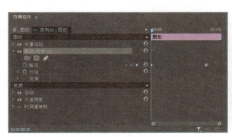

图12-70

图12-71

图12-72

图12-73

Step11：移动播放指示器至00:00:00:00处，为"旋转"参数添加关键帧；移动播放指示器至00:00:00:03处，更改"旋转"参数的值为"-5.0°"，Premiere Pro 2024将自动添加关键帧；将播放指示器右移2帧，更改"旋转"参数的值为"3.0°"，Premiere Pro 2024将自动添加关键帧；将播放指示器右移3帧，更改"旋转"参数的值为"-2.0°"，Premiere Pro 2024将自动添加关键帧；将播放指示器右移2帧，更改"旋转"参数的值为"4.0°"，Premiere Pro 2024将自动添加关键帧；选中右侧4个关键帧，按Ctrl+C组合键复制，将播放指示器右移2~3帧，按Ctrl+V组合键粘贴，直至播放指示器移动至00:00:04:00处，更改"旋转"参数的值为"0.0°"，Premiere Pro 2024将自动添加关键帧，如图12-74所示。

Step11是为了制作图形左右微摇的效果，可以自行设置参数，保证相邻两个参数一正一反即可。

Step12：将透明视频素材拖曳至V5轨道，在"效果"面板中搜索"时间码"视频效果，并将其拖曳至V5轨道中的素材上，在"效果控件"面板中设置参数，如图12-75所示。

图12-74

图12-75

Step13：在"效果"面板中搜索"反转"效果，并将其拖曳至V5轨道中的素材上，效果如图12-76所示。

Step14：移动播放指示器至00:00:00:00处，使用文字工具，在时间码右侧输入"%"，如图12-77所示。

图12-76 　　　　　　　　　　　　　　　图12-77

　　Step15：选中文字素材，在"效果控件"面板中单击"矢量运动"选项组中的"位置"参数左侧的"切换动画"按钮，添加关键帧；移动播放指示器至00:00:00:10处，更改"位置"参数的值为(665.0,360.0)，Premiere Pro 2024将自动添加关键帧；移动播放指示器至00:00:04:00处，更改"位置"参数的值为(691.0,360.0)，Premiere Pro 2024将自动添加关键帧，如图12-78所示。

　　Step15是为了确保百分号不会遮盖文字，根据文字的位置进行设置即可。

　　Step16：选中"位置"参数关键帧，单击鼠标右键，在弹出的快捷菜单中执行"临时插值>定格"命令，设置关键帧插值为定格，如图12-79所示。

图12-78 　　　　　　　　　　　　　　　图12-79

　　Step17：在"时间轴"面板中选择V5和V6轨道中的素材，单击鼠标右键，在弹出的快捷菜单中执行"速度/持续时间"命令，打开"剪辑速度/持续时间"对话框，设置持续时间，如图12-80所示。完成后单击"确定"按钮，效果如图12-81所示。

　　Step18：按Enter键渲染预览，效果如图12-82所示。

图12-80

　　　　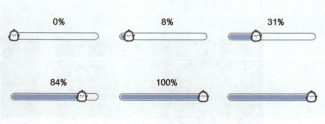

图12-81 　　　　　　　　　　　　　　　图12-82

　　至此完成趣味进度条动画的制作。